MIX
Papier aus verantwortungsvollen Quellen
Paper from responsible sources
FSC® C105338

Matthias Stadler

Optimierung von Anlaufmanagement und Entwicklungsprozessen

disserta
Verlag

Stadler, Matthias: Optimierung von Anlaufmanagement und Entwicklungsprozessen, Hamburg, disserta Verlag, 2016

Buch-ISBN: 978-3-95935-272-7
PDF-eBook-ISBN: 978-3-95935-273-4
Druck/Herstellung: disserta Verlag, Hamburg, 2016
Covergestaltung: © Annelie Lamers

Bibliografische Information der Deutschen Nationalbibliothek:
Die Deutsche Nationalbibliothek verzeichnet diese Publikation in der Deutschen Nationalbibliografie; detaillierte bibliografische Daten sind im Internet über http://dnb.d-nb.de abrufbar.

Das Werk einschließlich aller seiner Teile ist urheberrechtlich geschützt. Jede Verwertung außerhalb der Grenzen des Urheberrechtsgesetzes ist ohne Zustimmung des Verlages unzulässig und strafbar. Dies gilt insbesondere für Vervielfältigungen, Übersetzungen, Mikroverfilmungen und die Einspeicherung und Bearbeitung in elektronischen Systemen.

Die Wiedergabe von Gebrauchsnamen, Handelsnamen, Warenbezeichnungen usw. in diesem Werk berechtigt auch ohne besondere Kennzeichnung nicht zu der Annahme, dass solche Namen im Sinne der Warenzeichen- und Markenschutz-Gesetzgebung als frei zu betrachten wären und daher von jedermann benutzt werden dürften.

Die Informationen in diesem Werk wurden mit Sorgfalt erarbeitet. Dennoch können Fehler nicht vollständig ausgeschlossen werden und die Diplomica Verlag GmbH, die Autoren oder Übersetzer übernehmen keine juristische Verantwortung oder irgendeine Haftung für evtl. verbliebene fehlerhafte Angaben und deren Folgen.

Alle Rechte vorbehalten

© disserta Verlag, Imprint der Diplomica Verlag GmbH
Hermannstal 119k, 22119 Hamburg
http://www.disserta-verlag.de, Hamburg 2016
Printed in Germany

Inhaltsverzeichnis

Abkürzungsverzeichnis 8

Abbildungsverzeichnis 12

Kurzfassung 14

1 Einleitung 15
1.1 Problemstellung, Umfang und Zielsetzung der Arbeit 16
1.2 Einordnung in das wissenschaftliche Umfeld 17
1.3 Vorgehen und Aufbau der Arbeit 19

2 Die Dr.-Ing. h.c. F. Porsche AG 23
2.1 Werke und Baureihen 23
2.2 Unternehmensorganisation 24
2.3 Simultaneous Engineering in der Entwicklung 25

3 Qualitätsmanagement 28
3.1 Qualitätsplanung 29
3.2 Qualitätslenkung 30
3.3 Qualitätssicherung 30
3.4 Qualitätsverbesserung 31

4 Produktentstehungsprozess 32
4.1 Konzeptentwicklungsphase 33
4.2 Baustufenphase 33
4.3 Vorserienphase 34
4.4 Produktionshochlauf 35
4.5 Abgesicherte Produktion 35

5 Anlaufmanagement im Produktionsanlauf 36
5.1 Aktuelle Situation im Produktionsanlauf 37
5.2 Ziele des Produktionsanlaufs 39
    5.2.1 Effektivitätsziele des Anlaufs 41
    5.2.2 Effizienzziel des Anlaufs 41

5.2.3 Terminziel des Anlaufs 42
5.3 Disziplinen im Anlaufmanagement **42**
5.4 Anlaufplanung **43**
5.5 Teileverfolgung **45**
5.6 Änderungsmanagement **48**
   5.6.1 Bedeutung und Wirkung des Änderungsmanagements 53
   5.6.2 Allgemeine Defizite im Änderungsmanagement 55
5.7 Störeinflüsse im Produktionsanlauf **58**
   5.7.1 Externe Störeinflüsse 58
   5.7.2 Interne Störeinflüsse 63
5.8 Hemmnisse der Kompensation von Störeinflüssen **66**

6 Analyse IST-Situation **68**
6.1 Untergliederung Anlaufmanagement **69**
6.2 Anlaufgremien **73**
   6.2.1 Externe Störeinflüsse 77
   6.2.2 Interne Störeinflüsse 78
6.3 Teilebeschaffung **79**
   6.3.1 Ablauforganisation 80
   6.3.2 Externe Störeinflüsse 84
   6.3.3 Interne Störeinflüsse 87
6.4 Entwicklungsfortschrittsliste **88**
   6.4.1 Ablauforganisation 89
   6.4.2 Externe Störeinflüsse 89
   6.4.3 Interne Störeinflüsse 92
6.5 Bemusterung **93**
   6.5.1 Ablauforganisation 94
   6.5.2 Externe Störeinflüsse 96
   6.5.3 Interne Störeinflüsse 98
6.6 Aufbau, Audits **98**
   6.6.1 Ablauforganisation 99
   6.6.2 Externe Störeinflüsse 102
   6.6.3 Interne Störeinflüsse 103
6.7 Änderungsmanagement **104**
   6.7.1 Ablauforganisation 105

6.7.2 Externe Störeinflüsse 110
6.7.3 Interne Störeinflüsse 112

7 Kompensation der Störeinflüsse als Handlungsansätze...............**114**

8 Zusammenfassung...**119**
8.1 Schlussfolgerung und Ausblick **120**

9 Anhang..**121**
9.1 Analyse der untersuchten Literatur **121**
9.2 Anlaufplanung durch Gremien **124**
9.3 Änderungsmanagement..**139**
9.4 Prozessmanagement **140**
9.5 Unterteilung Freigaben der Porsche AG **141**
9.6 Meldepunktsystematik **142**

Abkürzungsverzeichnis

Abkürzung	Bedeutung
0-S	Nullserie
ÄA	Änderungsantrag
Abt.	Abteilung
ÄKO	Änderungskontrolle online
APQP	Advanced Product Quality & Control Plan
AVON	Antragsverwaltung online
BA	Bauabweichung
BAG	Bauteilabstimmungsgespräch Vorserie
bspw.	beispielsweise
BTV	Bauteilverantwortlicher/ Entwickler
bzgl.	bezüglich
bzw.	beziehungsweise
CAQ	Computer Aided Quality Assurance
DGQ	Deutsche Gesellschaft für Qualität e. V.
DIN	Deutsches Institut für Normung e. V.
E-...	das Ressort Entwicklung betreffend
EFL	Entwicklungsfortschrittsliste
EFRG	Entwicklungsfreigabe
EMT	Erstmusterterminrunde
EN	Europäische Norm
EOP	end of production
ESL	Entwicklungsstückliste
etc.	et cetera
f.	folgende Seite
ff.	folgende Seiten
FMEA	Fehler-Möglichkeits- und Einflussanalyse
FSI	Freigabe-Stücklisten-Informationssystem
FSL	Fertigungsstückliste
Hrsg.	Herausgeber
i.d.R.	in der Regel
i.O.	Prüfergebnis „in Ordnung"

inkl.	inklusive
ISO	Internationale Organisation für Normung
IT	Informationstechnologie
KBP	Kundebetreuungsprozess
KKP	Kunde-Kunde-Prozess
LA	Lenkungsausschuss
LEA	Lieferanten Entscheidungsausschuss
LK	Lenkungskreis
LVR	Lagerverwaltungsrechner
MP	Meldepunkt, umgangssprachlich auch Zählpunkt
n.i.O.	Prüfergebnis „nicht in Ordnung"
NTV	Neuteileverfolgungsfeld
o.g.	oben genannt(en)
P-...	das Ressort Produktion betreffend
PAG, Porsche AG	Dr. Ing. h.c. F. Porsche AG
PÄM	Porsche Änderungsmanagement
PEP	Produktentstehungsprozess
PSE	Produktionssteuerungseinheit
PSI	Produktionsstückzahleninformationssystem
PVS, PV-Serie	Produktionsvorserie
Q	Qualität(s)
QFD	Quality Function Deployment
QM	Qualitätsmanagement
QRZ	Qualitätsrangzahl
RQMS	Reklamationsmanagementsystem
S.	Seite
s.	siehe
SAP	Softwarebezeichnung
SE	Simultaneous Engineering
SET	Simultaneous Engineering Team
SOP	start of production (englisch für "Produktionsstart")
TBT	Teilebereitstellungstermin
techn.	technischen
TEV	Teileeinsatzsteuerung Vorserie

TS	Technische Spezifikation
u.a.	unter anderem
u.U.	unter Umständen
UTA	Umfangs-Teile-Auswertung
VAP	Vorstandsausschuss Produkte
VDA	Verband der Automobilindustrie e.V.
VDSwin	Versuchsdatensystem
Vgl.	Vergleiche
VS	Vorstand
VVS, VV-Serie	Versuchs-Vorserie
z.B.	zum Beispiel

Symbol	Bedeutung
📄	Liste/ Protokoll/ Schriftstück
▼	Ereignis
⌭	eigenständiges IT-System
⇐	Problempunkte
◇	Entscheidungssituation/ Gremium
↘	manueller Abgleich/ Weitergabe
⋮↓	automatisierte Schnittstelle
↓	Weiterverwendung von Daten/ Informationen

Abbildungsverzeichnis

Abbildung 1: Regelkreis im Produktionsanlauf [eigene Darstellung] 16
Abbildung 2: Eigenschaften von Prozessen [Vgl. BG08; S.95] 19
Abbildung 3: Vorgehensweise bei der Erstellung der Studie [eigene Darstellung] 22
Abbildung 4: Unternehmensorganisation der PAG [PAG10] 24
Abbildung 5: Prinzip des simultanen Entwickelungsablaufs [Vgl. VB99; S.224] 26
Abbildung 6: SET aus Mitarbeitern unterschiedlicher Bereiche [Vgl. D98: S.57] 27
Abbildung 7: Qualitätsmanagement [Vgl. DIN9000] 28
Abbildung 8: Quality-Gates-Systematik gemäß VDA [VDA98] 29
Abbildung 9: Zeitliche Eintaktung PEP, KKP und KBP [Vgl. M10] 32
Abbildung 10: Phasenschema der Entwicklungsprozesse in der Automobilindustrie [Vgl. M05; S.148], [Vgl. VW98a; S.19] 36
Abbildung 11: Zielerreichung von Anläufen [Vgl. SF04; S.276] 38
Abbildung 12: Zielsystem von Produktionsanläufen [Vgl. NHW07; S.105] 40
Abbildung 13: Phasen eines Produktionsanlaufs mit Hochlaufkurve [Vgl. W07; S.19] 44
Abbildung 14: Indikatoren der Teileverfügbarkeit [Vgl. K96; S.37] 46
Abbildung 15: Transparente Darstellung der Teileumfänge [Vgl. K96; S.18] 47
Abbildung 16: Wirkung des Änderungsmanagements [Vgl. Wi10; S.32] 49
Abbildung 17: Abstimmung der Konstruktionsstände durch Änderungsmanagement [Vgl. R03; S.228] 50
Abbildung 18: Der Änderungsprozess [DIN199] 51
Abbildung 19: Vereinheitlichte Darstellung des Änderungsprozesses [eigene Darstellung] 51
Abbildung 20: Ursachen und Vermeidungspotenzial von Änderungen [Vgl. Wi05; S.52] 56
Abbildung 21: Externe Störeinflüsse im Produktionsanlauf [Vgl. KWESW02; S.25] 59
Abbildung 22: Interne Störeinflüsse im Produktionsanlauf [Vgl. K96; S.65] 64
Abbildung 23: Schaubild der Prozessanalyse als Interviewleitfaden 68
Abbildung 24: Gliederung Teilprozesse Anlaufmanagement 69
Abbildung 25: Zeitliche Einordnung der Prozesse 71
Abbildung 26: Anlaufgremien und deren Kommunikationsstruktur 74
Abbildung 27: Prozessübersicht Teilebeschaffung 79

Abbildung 28: Ablauf der Teiledefinition 80

Abbildung 30: Voraussetzung zur Nutzung der Serienlogistiksysteme 83

Abbildung 31: Verantwortungsübergänge der Qualitätslenkung und Qualitätssicherung zwischen PEP und KKP in den einzelnen Abteilungen 86

Abbildung 32: Prozesschart Entwicklungsfortschrittsliste 88

Abbildung 33: Negativbeispiel nicht mehr nachvollziehbarer Verlinkungen in EFL und CAQ 90

Abbildung 34: Prozesschart Bemusterung 93

Abbildung 35: Ablauf Bemusterung 95

Abbildung 36: Prozesschart Aufbau, Audit 99

Abbildung 37: Kommunikationsstruktur von Bauteiländerungen zum BTV im Anlauf Cayenne 100

Abbildung 38: Prozesschart Änderungsmanagement 105

Abbildung 39: Matrix Änderungswege - Bauteilprobleme 106

Abbildung 40: Attribute Antragsarten PÄM 108

Abbildung 41: Attribute Antragsarten AVON 109

Abbildung 42: Ablauf Änderungsantrag 110

Abbildung 43: Vorgehen bei nicht statusgerechten Bauteilen 111

Abbildung 44: Ausgangssituation Änderungsantrag 116

Abbildung 45: Verbesserungsvorschlag Änderungsantrag 117

Abbildung 46: Beispiel eines Änderungsantrages 139

Abbildung 47: Sechs W-Fragen 140

Kurzfassung

Thema der Arbeit ist die Analyse und Weiterentwicklung des Anlauf- und Änderungsmanagements der Dr.-Ing. h.c. F. Porsche AG im Hinblick auf eine optimale organisatorische und prozessuale Prozessgestaltung.

Um die Markteinführung von Produkten bezüglich Zeit, Qualität und Kosten prozesssicher zu gewährleisten, ist u.a. eine genaue Kenntnis aller relevanten Prozesse und deren Abhängigkeiten untereinander erforderlich. Das Anlaufmanagement, das unmittelbar der Markteinführung der Produkte vorausgeht, hat dabei die Aufgabe, den Anlauf der Serienproduktion bis zur gewünschten Ausbringmenge sicherzustellen sowie das Entwicklungs-Ressort mit Erkenntnissen aus dem Aufbau der Fahrzeuge zu versorgen. Über das Änderungsmanagement können Bauteile bei Beanstandung geändert und in die Produktion eingesteuert werden.

Da innerhalb des Unternehmens keine ganzheitliche Darstellung aller Prozesse im Anlauf- und Änderungsmanagement vorzufinden ist, muss diese zunächst in einer IST-Analyse erarbeitet werden. Es werden die Prozesse mitsamt ihren Wirkzusammenhängen untersucht, abgegrenzt, unterteilt und übersichtlich dargestellt. Störeinflüsse beeinträchtigen dabei die Prozesse negativ im Hinblick auf die Zielerreichung und werden aufgedeckt.

Ausgehend von der übergreifenden Kenntnis der Prozesse und ihren Störeinflüssen, wird ein Optimierungsvorschlag hinsichtlich eines ganzheitlichen Anlauf- und Änderungsmanagement erarbeitet, um die reaktive Problemlösung zu verlassen und ein proaktives Agieren im Vorfeld von Problemen zu ermöglichen und somit die Erreichung der Anlaufziele sicherzustellen.

Schlagworte: Anlaufmanagement, Produktionsanlauf, Anlaufsteuerung, Hochlauf

1 Einleitung

Der internationale Wettbewerb in der automobilen Serienproduktion zwingt Unternehmen, Kunden individuellere und gleichfalls innovativere Produkte in kürzer werdenden Zeitabständen anzubieten. Besonders in der Automobilindustrie kommt es hierdurch zu einer steigenden Typen- und Variantenvielfalt bei gleichzeitig sinkenden Produktlebenszyklen [Vgl. BHK-P03; S.101ff]. Als Folge ist ein vermehrtes Auftreten des Produktionsanlaufs, der den Übergang zwischen Produktentwicklung und Serienproduktion repräsentiert, zu verzeichnen.

Die wirtschaftliche Beherrschung des Produktionsanlaufs im Produktlebenszyklus gewinnt somit zunehmend an Bedeutung und kann über die Wirtschaftlichkeit eines Produktes insgesamt entscheiden [Vgl. DAK06; S.151ff], [Vgl. KWESW02; Vorwort]. Des Weiteren ist der Anlauf eine wesentliche Komponente im Zeitwettbewerb um eine möglichst frühe Markteinführung neuer Produkte, welche vor allem bei innovativen Neuentwicklungen großen Einfluss auf erreichbare Absatzzahlen hat. Hinzu kommen jene Faktoren, die bei einem Verfehlen der geplanten Anlaufdauer oder Produktqualität auftreten können, wie z.B. hohe verursachte Kosten und der, durch die Anlaufdauer verzögerten, Amortisation von Entwicklungskosten [Vgl. S01; S.1f], [Vgl. L03; S.1f].

Als Folge der kürzeren Produktlebenszyklen und steigenden Variantenvielfalt müssen Investitionen für Produktentwicklung und die zur Herstellung benötigten Produktionsanlagen in kürzerer Zeit und über geringere Stückzahlen amortisiert werden. Hieraus ergibt sich die Notwendigkeit, die Anlaufphase künftig nicht nur hinsichtlich der Kosten und Qualität sicher zu beherrschen, sondern auch deutlich zu verkürzen.

Aufgrund der hohen implizierten Komplexität der Aufgabe und einem Mangel an wirkungsvollen Methoden und Werkzeugen ist es bisher nicht möglich, dies sicher zu gewährleisten [Vgl. KWESW02; S.1].

1.1 Problemstellung, Umfang und Zielsetzung der Arbeit

Die bisherige Porsche-Philosophie basiert auf der Prämisse, mit einem abgesicherten Entwicklungsstand die Vorserien zur Validierung und Abstimmung der Werkzeuge und Serienprozesse zu nutzen und entspricht damit dem Ansatz des „Frontloading" [siehe hierzu B08; S.43ff].

Mit der Entwicklung des neuen Porsche 911 wurde diese Denkweise erstmalig bewusst verlassen, um die Entwicklungszeit zu reduzieren. Mit dem minimierten Erprobungsprogramm in der Entwicklungsphase werden wichtige Erprobungsinhalte in die Vorserien verschoben. Dieses „Backloading" im Entwicklungsprozess führt im Vergleich zu bisherigen Produktionsanläufen zu erhöhten Änderungsumfängen und einer deutlichen Komplexität in den Vorserien.

Das fehlende durchgängige Verständnis des ressortübergreifenden Prozesses des Produktionsanlaufs und das daraus resultierende Problem der Kommunikation und Information sind aktuell zu beobachten. Um diesen speziellen Gegebenheiten im Projekt gerecht zu werden, soll im Rahmen der Studie ressortübergreifend analysiert werden, ob die prozessualen Voraussetzungen hinsichtlich eines leistungsfähigen Anlauf- und Änderungsmanagement in den Vorserien gegeben sind. Untersucht werden sollen hierbei die genauen Abläufe sowie Informationsflüsse im Verantwortungsübergang zwischen den Ressorts Entwicklung und Produktion. Abbildung 1 zeigt den Zusammenhang:

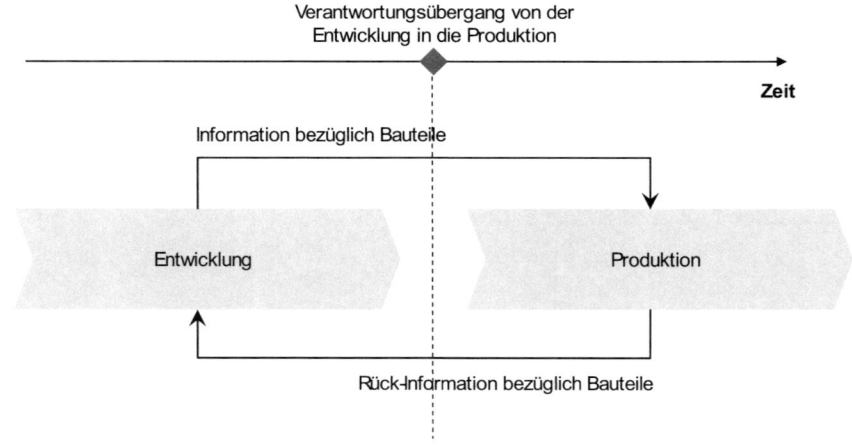

Abbildung 1: Regelkreis im Produktionsanlauf [eigene Darstellung]

Ziel ist die ganzheitliche Darstellung der Prozesskette und die Identifikation von Optimierungsansätzen aus der Sichtweise des Ressorts Entwicklung.

1.2 Einordnung in das wissenschaftliche Umfeld

Die wissenschaftliche Bedeutung des Produktionsanlaufs wurde insbesondere in der jüngeren Vergangenheit zwar immer wieder betont [Vgl. FNLWW04], [Vgl. KWESW02], [Vgl. US05], [Vgl. Wi10]), die überwiegende Anzahl der bisherigen Arbeiten auf diesem Gebiet konzentriert sich dabei jedoch auf monetäre, qualitative oder technische Aspekte. Es existieren vergleichsweise wenige Ergebnisse in Bezug auf ein Management, das die organisatorischen, logistischen und ressortübergreifenden Aspekte des Produktionsanlaufs – insbesondere des Änderungsmanagements – innerhalb einer Firma gleichermaßen berücksichtigt.

Im Vergleich zur Literatur des Entwicklungsmanagements und der Literatur zum Produktionsmanagement, die zumeist von einem stabilen Zustand einer laufenden Produktion ausgeht, ist der Stand der Literatur zu Problemen und Lösungsansätzen im Serienanlauf bislang unterentwickelt [Vgl. VT05; S.12f], [Vgl. KWESW02; S.3]. Die erste Veröffentlichung zum Anlaufmanagement geht auf SCHIEFERER im Jahr 1957 zurück, der Einflussgrößen auf den Serienanlauf in der Automobilindustrie untersuchte und Formeln zur Berechnung diverser Anlaufparameter, wie Fertigungszeit, Stückzahlen, benötigte Kapazitäten und Kosten entwickelte [S57]. Ende der 90er Jahre nimmt die Anzahl der Veröffentlichungen zum Serienanlauf sprunghaft zu. Gründe sind die bereits in der Einleitung beschriebenen Veränderungen im Wettbewerbsumfeld vieler Unternehmen. Auffällig ist der starke Bezug vieler Abhandlungen zur Automobilindustrie, zu erklären zum einen mit der volkswirtschaftlichen Stellung dieser Branche, zum anderen auch mit der für diesen Industriezweig zunehmenden Bedeutung des Serienanlaufs. Weitere Branchen, auf die häufig Referenz genommen wird, sind die Elektroindustrie sowie der Maschinen- und Anlagenbau.

Der unterentwickelte Entwicklungsstand der Literatur zum Anlaufmanagement manifestiert sich darin, dass viele Veröffentlichungen den Serienanlauf zunächst nur begrifflich und inhaltlich einordnen und darüber hinaus Forschungsfelder aufzeigen [Vgl. KWESW02], [Vgl. SRAD02], [Vgl. WHW02], [Vgl. WH02], [Vgl. HLW02],

[Vgl. SL02], [Vgl. VT05]. In diesem Zusammenhang werden in den verschiedenen Publikationen zum Serienanlauf häufig nur allgemeine Problemstellungen in Form von Zeit-, Kosten- und Qualitätsproblemen angesprochen [Vgl. S01], [Vgl. HBH04], [Vgl. LWA03]. Ferner werden Schwierigkeiten, wie z.b. umfangreiche Koordinations- und Integrationsbedarfe, organisatorische oder prozessuale Komplexität usw. genannt [Vgl. PG00], [Vgl. vW98a], [Vgl. vW98b], [Vgl. Wi05]. Bezüglich der Etablierung eines ganzheitlichen Anlaufmanagements, das ein reaktives Handeln nach Auftreten von Problemen, hin zu einem proaktiven, störungsvermeidenden Anlaufmanagement ersetzt, besteht eine wissenschaftliche Lücke, die im Zuge der steigenden Bedeutung des Produktionsanlaufs zu schließen ist. Dabei ist ausgehend von Störeinflüssen und Handlungsansätzen des IST-Prozesses ein SOLL-Prozess zu definieren, der ein zielgerichtetes und problemorientiertes Anlaufmanagement vor Auftreten von Problemen möglich macht.

Die vorliegende Literatur wird hierzu nach vorgestellten (allgemeinen) Handlungsansätzen untersucht. Es wird, ausgerichtet auf die Arbeit, eine Beschränkung auf die Handlungsansätze

- Ablauforganisation (z.B. Prozessgestaltung),
- Aufbauorganisation (z.B. Anlaufmanager, Anlaufgremien),
- Änderungsmanagement (z.B. Methoden zur Dokumentation, Bewertung, Auswirkungsanalyse und Umsetzung von produktbezogenen Änderungen),
- Projektmanagement (z.B. Meilenstein-Planung),
- Qualitätsmanagement (z.B. Qualitätskennzahlen) und
- Wissensmanagement (z.B. Speicherung und Bereitstellung von Wissen in Wissensmanagementsystemen)

vorgenommen.

Eine Berücksichtigung von Literaturquellen mit Ansätzen aus den Bereichen Betriebsmittel (z. B. Verfügbarkeit von Anlagen), Controlling (z. B. Kennzahlensysteme), Kooperationsmanagement (z. B. Koordination von Zulieferern), Personalmanagement (z. B. Schulung von Mitarbeitern), Planung (z. B. Formeln zur Berechnung der Anlaufkurve), Produkt (z. B. montagegerechte Produktgestaltung), Risikomanagement (z. B. Methoden zur Risikoidentifikation), Simulation (z. B. von Fertigungsprozessen), Marketing (z. B. Bestimmung des optimalen Markteintrittszeitpunkts) oder der Finanzierung (z. B. Auswirkungen eines verspäteten Markteintritts) erfolgt im Rahmen dieser Arbeit nicht [Vgl. KWESW02], [Vgl. R03], [Vgl. VT05], [Vgl. BH03]. Eine Übersicht der Einordnung der einzelnen Literaturquellen nach Handlungsansätzen und den fokussierten Branchen findet sich im Anhang 9.

1.3 Vorgehen und Aufbau der Arbeit

Das Feld des Anlaufmanagements an sich, ist aufgrund der Anlaufbeteiligung unterschiedlichster Ressorts (Entwicklung, Produktion, Vertrieb, Finanzen,...) reich an Komplexität und möglichen Störeinflüssen. Im Rahmen dieser Arbeit soll das Anlaufmanagement in den Vorserien untersucht werden, mit dem Ziel, das Entwicklungsressort optimal in den Prozess einzubinden. Als Werkzeug wird das Prozessmanagement angewendet. Darunter versteht man die Gestaltung und Lenkung von Prozessen innerhalb eines Unternehmens. Es werden vorhandene Prozesse bezüglich ihrer Eigenschaften analysiert und optimiert. Abbildung 2 zeigt die Eigenschaften von Prozessen:

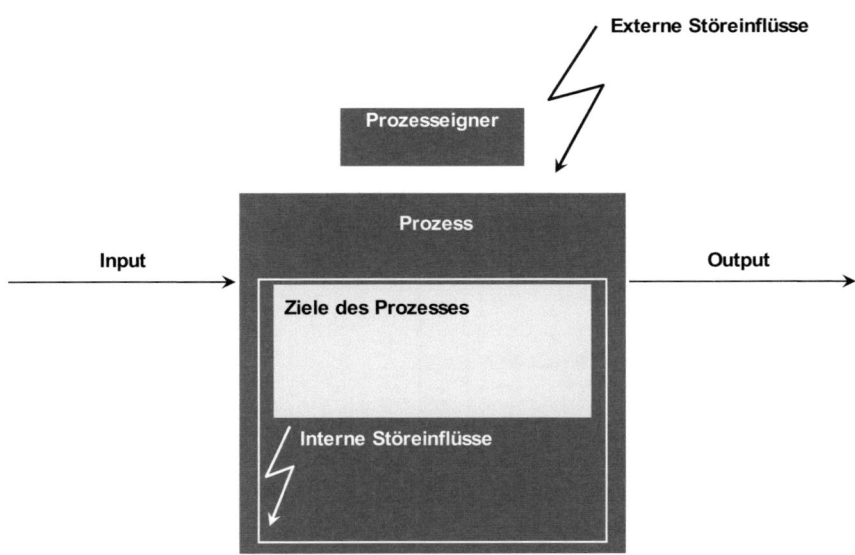

Abbildung 2: Eigenschaften von Prozessen [Vgl. BG08; S.95]

Die Prozessanalyse geht dabei der Prozessoptimierung voraus. Es müssen bestimmte Aspekte des Prozesses abstrahiert, ggf. Tätigkeiten zusammengefasst und mit einer Begrifflichkeit versehen werden. Optimierungspotenzial bietet sich bei allen Aspekten, welche in einem Prozessmodell eine Rolle spielen. Dabei gibt es verschiedene Methoden, Prozesse zu modellieren. Gängige zentrale Aspekte eines Prozesses sind dabei meist Ereignisse, welche den Prozess auslösen oder beeinflussen, Leistungen, also der Output des Prozesses, Daten, welche abgefragt sowie Funktionen, welche durchgeführt werden. Nach der Modellierung können durch die Optimierung bspw. der Gesamtprozess oder einzelne Bereiche verbessert werden. [Vgl. BG08; S.95ff]. Dabei werden aus Störeinflüssen auf den Prozess Handlungsansätze definiert, um eine Optimierung herbeizuführen.

Zur Prozessanalyse bietet sich die Befragung von Experten an. Es kann mittlerweile zwischen einer großen Anzahl von verschiedenen Befragungsarten unterschieden werden. Die Form des Interviews, die eine mündliche „face to face" Befragung darstellt, lässt sich in eine Vielzahl von Varianten unterteilen, bspw. diskursives-, standardisiertes-, narratives-, problemzentriertes-, fokussiertes-, tiefenorientiertes-, rezeptives- oder halbstrukturiertes-Interview [Vgl. Lü03; S.64]. Es wird auf eine detaillierte Beschreibung möglicher Befragungsarten verzichtet und auf die einschlägige Literatur verwiesen [Siehe hierzu M02].

Im problemzentrierten Interview werden die Erfahrungen und Wahrnehmungen der Befragten zu einem ganz bestimmten Problem erfragt. Wichtig für die Methode ist die Problemzentrierung, die Prozessorientierung und der Interviewleitfaden [Vgl. Lü03; S.64].

Der Aufbau der Arbeit wird so gewählt, dass:

- Kapitel 1 den thematischen Hintergrund der Arbeit erläutert und die Einordnung des Anlaufmanagements in der wissenschaftlichen Untersuchung erörtert, um die Notwendigkeit der Analyse zu unterstreichen.
- Kapitel 2 in die allgemeine Organisation der Dr.-Ing. h.c. F. Porsche AG (kurz: PAG) einführt, um in die Aufbauorganisation des Untersuchungsumfeldes einzuführen.

- Kapitel 3 den Aufbau und Ablauf eines Qualitätsmanagementssystems beschreibt, um den Untersuchungsgegenstand bezüglich der Ablauforganisation zu verstehen.
- Kapitel 4 den Produktentstehungsprozess der PAG erläutert und das Anlaufmanagement in seinen zeitlichen Rahmen einordnet.
- Kapitel 5 das Anlaufmanagement selbst mit seinen Unterprozessen und möglichen Störeinflüssen beschreibt.
- Kapitel 6 die IST- Aufnahme der aktuellen Situation wiedergibt, wie sie innerhalb der PAG im Anlaufmanagement anzutreffen ist. Bezugnehmend auf Kapitel 5 werden die identifizierten Störeinflüsse gegliedert und explizit erläutert, die einem leistungsfähigen und störungsresistenten Anlaufmanagement im Wege stehen.
- Kapitel 7 fasst die genannten Störeinflüsse zu Handlungsansätzen zusammen, die einen verbesserten SOLL-Zustand der Prozesse ermöglichen sollen.
- Kapitel 8 schließt die Arbeit mit der Schlussbetrachtung, einer Zusammenfassung und dem weiteren Ausblick auf nachfolgende wissenschaftliche Aktivitäten, die im Zusammenhang mit dieser Arbeit erfolgen können, ab.

Abbildung 3 fasst die gewählte Gliederung zusammen:

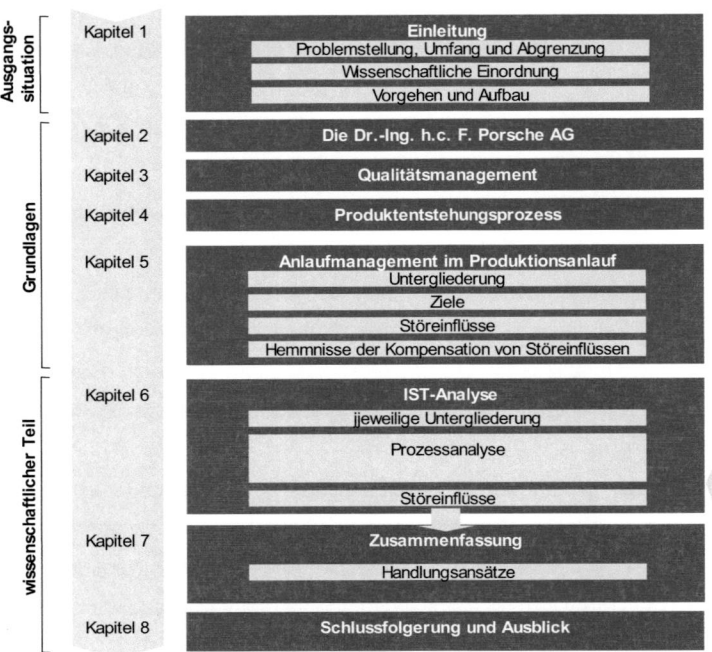

Abbildung 3: Vorgehensweise bei der Erstellung der Studie [eigene Darstellung]

2 Die Dr.-Ing. h.c. F. Porsche AG

Die Dr.-Ing. h.c. F. Porsche AG ist ein international agierender Automobilhersteller von Sport-, Geländewagen und Luxuslimousinen. Das Untenehmen wurde 1931 als Konstruktionsbüro von Ferdinand Porsche in Stuttgart gegründet und verkaufte im Monat Juni 2010 11.912 Fahrzeuge. Beschäftigt werden dabei etwa 12.200 Mitarbeiter [PAG10].

2.1 Werke und Baureihen

Die PAG unterhält drei Hauptwerke, die der Entwicklung und Produktion zuzurechnen sind. Neben dem Forschungs- und Entwicklungszentrum in Weissach, in dem alle internen Entwicklungsinhalte sämtlicher Baureihen durchgeführt werden, erfolgt die Produktion sowohl in Zuffenhausen als auch Leipzig. Die Porsche Leipzig GmbH ist eine Tochter der Porsche AG und bezüglich Organisation und Verantwortung von dieser getrennt.

Die Sportwagen 911 Carrera (Baureihe Carrera oder kurz: BC) und Boxster/ Cayman (Baureihe Boxster oder kurz: BB) werden in Zuffenhausen produziert. Daneben werden in Zuffenhausen auch alle Boxer-Motoren, die in den Baureihen Carrera und Boxster verbaut werden gefertigt. Des weiteren erfolgt die Produktion der V8-Motoren der Baureihen Cayenne (kurz: BC) und Panamera (kurz: BG).

Der Fertigungsstandort Leipzig übernimmt im Konzern die Endmontage aller Cayenne-Fahrzeuge ab Meldepunkt 6.0p (Erläuterung der Meldepunkte im Anhang 9.6) und die Fertigung sämtlicher Panamera-Fahrzeuge ab Meldepunkt 2.1.

Die vorgefertigten Cayenne- Fahrzeuge bis Meldepunkt 6.0p werden in dem Joint-Venture-Projekt COLORADO durch die Volkswagen Slowakei GmbH in Bratislava hergestellt und nach Leipzig angeliefert.

Bezüglich Panamera übernimmt der Volkswagen-Standort Hannover in Auftragsarbeit die Fertigung und Lackierung der Rohkarosse [PAG10].

2.2 Unternehmensorganisation

Wie in Abbildung 4 dargestellt, organisiert sich die PAG in Unternehmensbereiche, die Vorstandsressorts. Dem Vorstandsvorsitzenden obliegt die ganzheitliche Unternehmensführung.

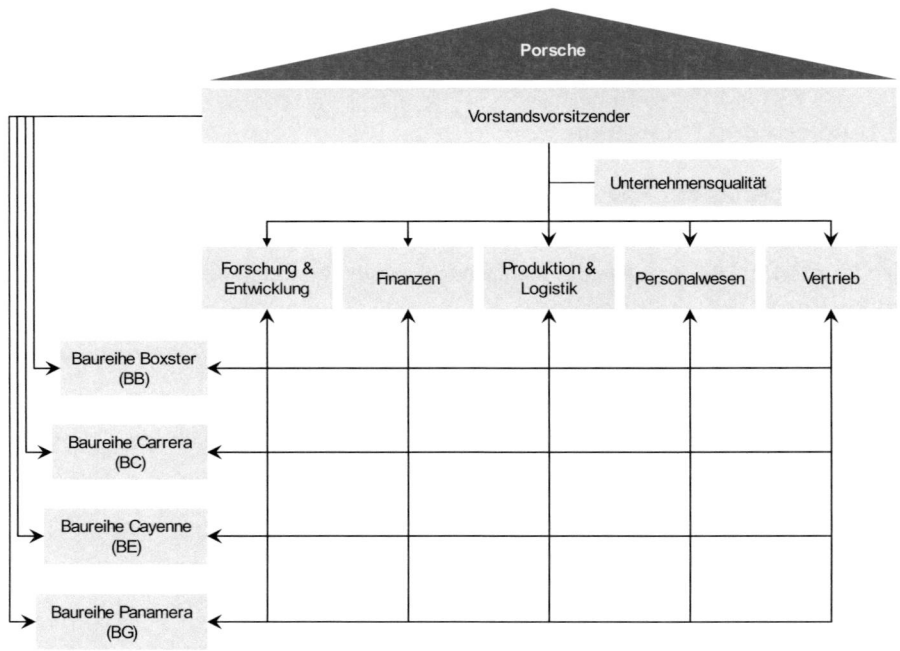

Abbildung 4: Unternehmensorganisation der PAG [PAG10]

Neben den funktionalen Vorstandsressorts Forschung & Entwicklung, Finanzen, Produktion & Logistik, Personalwesen und Vertrieb sind die vier Baureihen im Matrixverbund eingegliedert. Die Unternehmensqualität nimmt eine Sonderstellung ein und untersteht direkt dem Vorstandsvorsitzenden.

Das Ressort Entwicklung ist bereichsbezogen organisiert. Die Hauptabteilungen für Karosserie, Elektrik, Fahrwerk, Antrieb, Gesamtfahrzeug (KEFAG) sind für die, ihren Verantwortungsbereich betreffenden Ziele, hinsichtlich Qualität, Kosten und Termine verantwortlich und steuern die Simultaneous Engineering Teams über die Projektleiter fachlich. Zum Start der Entwicklung der Modellreihen 986 (Boxster) und 996 (911 Carrera) wurde erstmals eine Organisationsstruktur im Rahmen des Simultaneous Engineering geschaffen, die ein ressortübergreifendes Denken und Handeln verwirklicht und den komplexen Anforderungen zukünftiger Entwicklungen gerecht wird. Diese setzt sich entsprechend der ressortübergreifenden Verantwortung aus Vertretern der einzelnen Bereiche und der Fachabteilungen zusammen [PAG10].

2.3 Simultaneous Engineering in der Entwicklung

Wörtlich übersetzt bedeutet Simultaneous Engineering „gleichzeitige Ingenieurstätigkeit", also ein zeitlich paralleles bzw. überlappendes Zusammenarbeiten aller Fachbereiche in Arbeitsgruppen von Beginn eines Projektes an, mit gemeinsam akzeptierter Zielsetzung, klarer Abgrenzung der Verantwortlichkeiten, hohem Grad an Delegation und nach gleichen Regeln für alle. Mit dem Begriff Engineering ist in diesem Zusammenhang nicht die Ingenieursleistung im Projekt gemeint, sondern vielmehr der gemeinsam betriebene Produktentstehungsprozess vom Projektstart bis zur Zielerreichung. Grundsätzlich ist zu beachten, dass Simultaneous Engineering nicht eine bisher im Unternehmen schon vorhandene Projektorganisation ersetzt, sondern diese um eine insgesamt bessere Zielerreichung zu ermöglichen ergänzt. Abbildung 5 verdeutlicht den Zeitgewinn durch den simultanen Entwicklungsprozess:

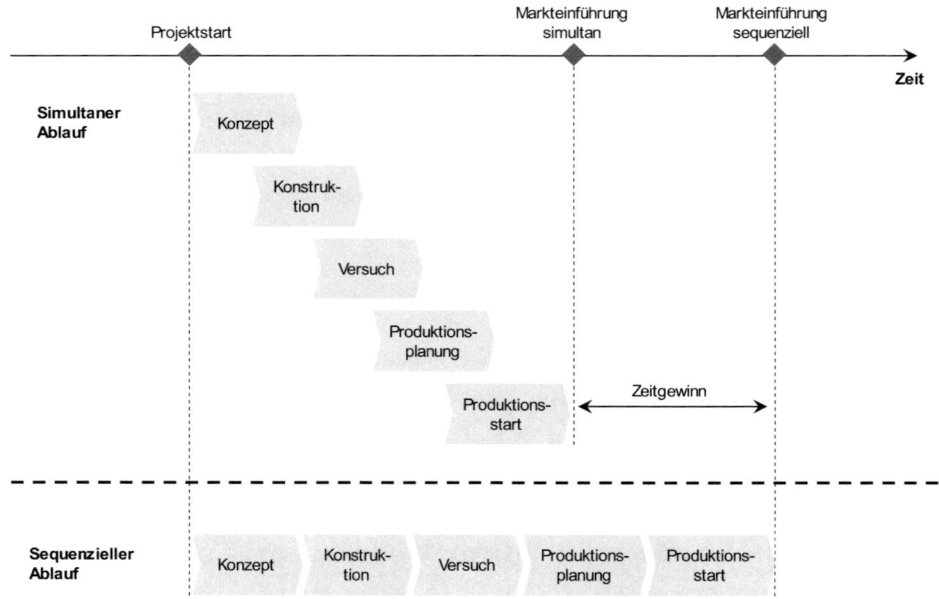

Abbildung 5: Prinzip des simultanen Entwickelungsablaufs [Vgl. VB99; S.224]

Das eigentliche Simultaneous Engineering des Projektes beginnt, wenn die so genannten Simultaneous Engineering Teams (kurz: SETs) gebildet sind und diese ihre Arbeit aufnehmen. Abbildung 6 zeigt beispielhaft die Einbindung von mehreren Mitarbeitern in das SET. Die wesentliche Aufgabe der beteiligten Mitarbeiter beinhaltet die Vertretung aller Belange ihres jeweiligen Bereiches in ihrem Team [Vgl. E89; S.6].

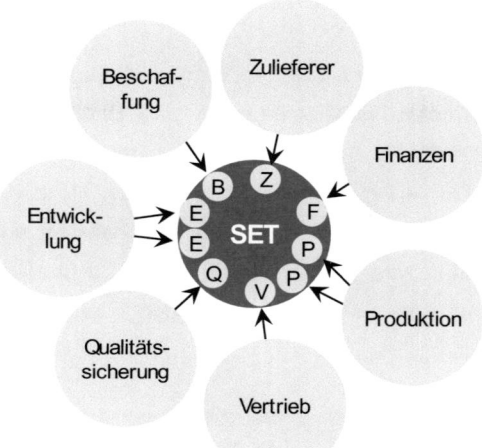

Abbildung 6: SET aus Mitarbeitern unterschiedlicher Bereiche [Vgl. D98: S.57]

Das SET steht bei traditioneller hierarchischer Betrachtung an der untersten Stufe der Projektgremien. Sie stellt jedoch die unverzichtbare Basisstufe dar, auf der sich die gesamte Projektorganisation abstützt. In der Gesamtheit aller SETs wird die eigentliche Projektleistung erbracht. Die übrigen Projektgremien sorgen dafür, dass sich die Ergebnisse der SET-Arbeit nahtlos und möglichst verlustfrei in die Zielvorgaben einfügen [Vgl. D98; S.57f].

3 Qualitätsmanagement

Das Qualitätsmanagement (kurz QM) ist das qualitätsbezogene Management einer Organisation. Dabei meint qualitätsbezogen „die Erfüllung von diesbezüglichen Forderungen betreffend". Es umfasst die Gesamtheit der zur Verwirklichung des Qualitätsmanagements erforderlichen QM-Elemente, eingeschlossen die dazu nötigen Mittel. Beispiele sind die Qualitätsplanung, was oft auch als Planung der Qualität missverstanden wird, die Qualitätslenkung, die Qualitätssicherung und die Qualitätsverbesserung [Vgl. GK08, S.4f]. Abbildung 7 zeigt den Zusammenhang im Qualitätsmanagement:

Abbildung 7: Qualitätsmanagement [Vgl. DIN9000]

3.1 Qualitätsplanung

Die Qualitätsplanung wird definiert als das „Auswählen, Klassifizieren und Gewichten der Qualitätsmerkmale sowie schrittweises Konkretisieren aller Einzelforderungen an die Beschaffenheit zu Realisierungsspezifikationen und zwar im Hinblick auf die, durch den Zweck der Einheit gegebenen Erfordernisse, die Anspruchsklasse und unter Berücksichtigung der Realisierungsmöglichkeiten" [Vgl. GK08; S.157]. Ergänzend findet sich in der Norm DIN EN ISO 9000:2008 der Wortlaut: „Qualitätsplanung (…) ist Teil des Qualitätsmanagements, der auf das Festlegen der Qualitätsziele und der nötigen Ausführungsprozesse sowie der zugehörigen Ressourcen zur Erfüllung der Qualitätsziele gerichtet ist" [DIN9000].

Zur Sicherstellung des Projektfortschrittes bei Automobilherstellern und Zulieferern werden Gate-orientierte Ablaufpläne (Quality-Gates oder auch Meilensteinansatz) eingesetzt, die als ressortübergreifendes Projektsteuerungsinstrument verstanden werden können. Zielsetzung dieser Methode ist es, unter Einhaltung von Kosten, Terminen und Produktanforderungen eine hohe Prozess- und Produktqualität sicherzustellen. Der Verband der Automobilindustrie e.V. (kurz: VDA) definiert einen Meilensteinansatz, wie in Abbildung 8 dargestellt:

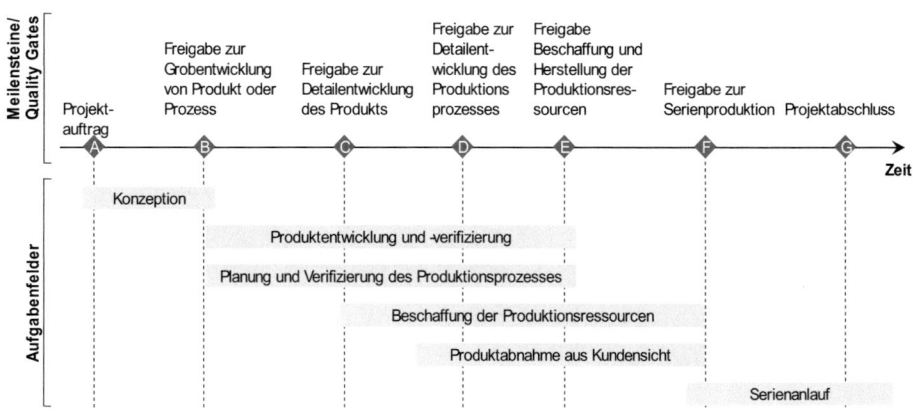

Abbildung 8: Quality-Gates-Systematik gemäß VDA [VDA98]

Während des Produktentstehungsprozesses werden laut VDA-Band 4.3 insgesamt sieben „Qualitätstore" durchschritten, zu denen jeweils die Prozessreife anhand der hinterlegten Kriterien bestimmt werden. Q-Gates sind Meilensteine und stellen den inhaltlichen und zeitlichen Rahmen zur Verfügung und strukturieren dadurch den Produktentstehungsprozess. Durch die stichtagsbezogene Abfrage können gezielt Probleme erkannt und zur Eskalation gebracht werden [Vgl. VDA98].

Als weiteres Element der Qualitätsplanung ist APQP (Advanced Product Quality Planning; Teil der amerikanischen QS 9000) zu nennen. APQP ist ein kontinuierliches Projektmanagement für die Produkt- und Qualitätsplanung und für alle Phasen des Entwicklungs- und Produktionsprozesses geeignet.

Ziel ist, eine einheitliche produktbezogene Dokumentationsstruktur/-hierarchie zu etablieren, die dem Anwender die notwendige Transparenz über das Herstellgeschehen liefern. Dadurch soll die Produktionslenkung vereinfacht werden. Alle projekt- und produktrelevanten Informationen und Dokumente werden zentral geplant, überwacht und verwaltet [Vgl. DIN9000].

3.2 Qualitätslenkung

Ganz allgemein ist die Qualitätslenkung nach DIN EN ISO 9000:2008 Punkt 3.2.10 als „Teil des Qualitätsmanagements, der auf die Erfüllung von Qualitätsanforderungen gerichtet ist" definiert [DIN9000]. Die Qualitätslenkung umfasst dabei Arbeitstechniken und Tätigkeiten sowohl zur Überwachung eines Prozesses, als auch zur Beseitigung von Ursachen nicht zufriedenstellender Ergebnisse mit dem Ziel, die Forderung an die Beschaffenheit der betrachteten Einheit zu erfüllen.

Die Qualitätslenkung ist von der zuvor beschriebenen Qualitätsplanung in den Unternehmen getrennt vorzufinden. Die Trennung dieser bei der Projektarbeit, ist in der industriellen Organisation von Arbeit begründet [Vgl. GK08; S.107f].

3.3 Qualitätssicherung

Bei der Qualitätssicherung sind die Qualitätsparameter durch die Qualitätsplanung vorgegeben, d.h. ein Korridor ist festgelegt, innerhalb dessen sich die Fertigungs- oder Dienstleistungsergebnisse bewegen müssen. Die vereinbarten Qualitätseckwerte werden regelmäßig durch Audits oder Bemusterungen geprüft. Mittels Prüfberichten kommunizieren die Auditoren nach innen, wo dringender Handlungsbedarf besteht und nach außen, dass die Organisation die Mindestvorgaben erreicht hat und die Zertifizierung erhalten kann. Die Zertifizierung bildet nicht die ganze Organisation ab, sondern beschränkt sich auf den vereinbarten Qualitätsbereich [Vgl. GK08; S.109f].

3.4 Qualitätsverbesserung

Ziel der Qualitätsverbesserung ist ein ständiges Weiterentwickeln des Qualitätsprozesses. Als wichtigstes Werkzeug ist hierbei der „Kontinuierliche Verbesserungsprozess" (kurz: KVP) zu nennen. KVP ist eine innere Haltung aller Beteiligten und bedeutet: stetige Verbesserung mit möglichst nachhaltiger Wirkung. Diese Haltung durchdringt dann alle Aktivitäten und das ganze Unternehmen. KVP bezieht sich auf die Produkt-, die Prozess- und die Servicequalität. Umgesetzt wird KVP durch einen Prozess stetiger, kleiner Verbesserungsschritte (im Gegensatz zu eher großen, sprunghaften, einschneidenden Veränderungen) in kontinuierlicher Teamarbeit. KVP ist ein Grundprinzip im Qualitätsmanagement und unverzichtbarer Bestandteil der ISO 9001. Ein ähnliches Programm ist das japanische Kaizen. Daneben dient auch das Reengineering zur weiteren Qualitätsverbesserung im Sinne der Prozessneuorganisation [Vgl. GK08; S.110f].

4 Produktentstehungsprozess

Der Produktentstehungsprozess (kurz: PEP) beginnt mit dem Projektauftrag und endet mit der Markteinführung des fertig entwickelten Produkts. Dieser Zeitpunkt liegt projektspezifisch ungefähr 3 Monate nach Start of Production (kurz: SOP). In den meisten Unternehmen umfasst er alle Prozesse, die erforderlich sind, um eine Produktentstehung termin-, qualitäts- sowie kostengerecht ins Ziel zu bringen. Abbildung 9 veranschaulicht die zeitliche Eintaktung des PEPs im gesamten Produktlebenszyklus:

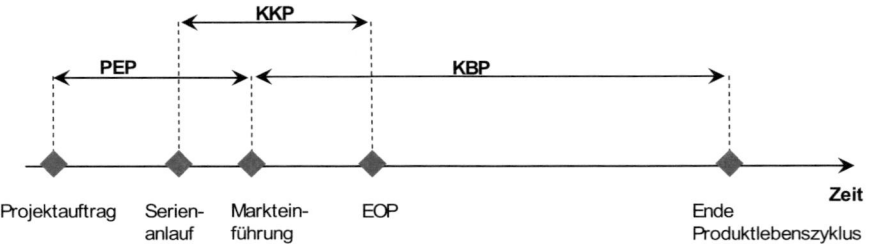

Abbildung 9: Zeitliche Eintaktung PEP, KKP und KBP [Vgl. M10]

Dem PEP schließt sich zeitlich der Kunde-Kunde-Prozess (kurz: KKP) und der Kunde-Betreuungsprozess (kurz: KBP) an. Der PEP ist der maßgebliche Prozess der Entwicklungsabteilung, wohingegen der KKP hauptsächlich relevant für die Produktionsabteilung ist und mit dem Produktionsende, dem End of Production (kurz: EOP) abschließt. Der KBP ist der maßgebliche Prozess der Vertriebsabteilung und muss die Versorgung mit Ersatzteilen bis zum Ende des Produktlebenszyklus sicherstellen [Vgl. M10; S.7].

Innerhalb des PEP findet weiter die folgende Untergliederung Anwendung:

- Konzeptentwicklungsphase
- Baustufenphase
- Vorserienphase
- Hochlaufphase des Anlaufs
- Produktionsphase

4.1 Konzeptentwicklungsphase

Die Konzeptentwicklungsphase lässt sich wiederum unterteilen in die:

Vorentwicklungsphase

In der Vorentwicklungsphase werden erste Konzepte für das neue Fahrzeug erstellt, überprüft sowie das Rahmenheft erstellt.

Definitionsphase

In der Definitionsphase werden grundlegende Anforderungen seitens des Vertriebs, der Entwicklung und der Produktion abgestimmt und in Form eines Zielkatalogs festgehalten.

Konzeptabsicherungsphase

Die Konzeptabsicherungsphase präzisiert die Inhalte des Zielkataloges, überprüft sie hinsichtlich ihrer Machbarkeit und endet mit der Verabschiedung des Lastenheftes [Vgl. FNLWW04; S.29ff].

4.2 Baustufenphase

In dieser Phase werden zunächst die Flächen definiert. Es werden Plastilin-Modelle erstellt, um erstmals die Entwürfe der Stylisten räumlich beurteilen zu können. Den Abschluss dieser Formoptimierung bildet das Datenkontrollmodell, anhand dessen nochmals die Flächendaten überprüft und anschließend für die Werkzeugerstellung freigegeben werden. Baustufenfahrzeuge sind Erprobungsträger für die Entwicklung und noch nicht kundenfähig. Gebaut werden diese in der Regel bereits auf dem „Pilotband" unter seriennahen Bedingungen, ohne dabei auf verkettete Prozesse zurückgreifen zu können [Vgl. FNLWW04; S.29ff], [Vgl. SS06; S.12ff].

4.3 Vorserienphase

Die Vorserienphase beginnt mit der Freigabe des Serienanlaufs beziehungsweise der damit verbundenen Freigabe der Vorserie. Sie dient der Vorbereitung der Hochlaufphase. Während der Vorserien- oder Präparationsphase kommt es vermehrt zu Produktänderungen, welche ggf. eine Anpassung der Anlagen erfordern können [Vgl. FNLWW04; S.29ff], [Vgl. L03; S.9f], [Vgl. SS06; S.12ff]. Zur Erzeugnisbereitstellung müssen während der Präparationsphase die so genannten Pilotserien gefertigt werden. Diese werden in der Automobilindustrie häufig in Vor- und Nullserie unterteilt [Vgl. R03; S.96ff]. Innerhalb der PAG wird die Vorserie unterteilt in die:

Versuchsvorserie und Produktionsvorserie

Die hergestellten Erzeugnisse unterschiedlicher Reifegrade dienen hauptsächlich zu Testzwecken, werden aber auch zur Produktpräsentation verwendet.

Die Vorserie besteht aus Prototypen in größerer Stückzahl, die unter seriennahen Bedingungen mit Hilfe von Versuchswerkzeugen hergestellt werden. Diese Prototypen werden benötigt, um erste Informationen hinsichtlich des Produktverhaltens in gesetzlich vorgeschriebenen Tests zu erlangen [Vgl. L03; S.10f], [Vgl. R03; S.96ff]. Ziel ist es außerdem, die Mitarbeiter bereits mit dem Produkt vertraut zu machen. Weiterhin sollen anhand der Vorserie Informationen über zu erwartende, fertigungstechnische Probleme während der Nullserie und des Hochlaufs gewonnen werden. Dies ermöglicht frühzeitige Rückschlüsse auf die Gestaltung des Produktionsprozesses. Die relativ hohen Kosten der Vorserien rechtfertigen sich vor allem dadurch, dass so noch kostenintensivere Änderungen an den späteren Serienwerkzeugen vermieden werden können [Vgl. E05; S.52f], [Vgl. R03; S.97f]. Die Produktionsvorserie folgt in zeitlichem Abstand der Versuchsvorserie.

Nullserienphase

Sobald die Anlagen vollständig mit Serienwerkzeugen ausgerüstet sind und die Produktionsbereitschaft festgestellt wird, kann die Nullserie hergestellt werden [Vgl. FNLWW04; S.29ff]. Sie hat das Ziel, den für den Produktionshochlauf geforderten Reifegrad zu erreichen [Vgl. BR01; S.150ff]. Die Erzeugnisse der Nullserie werden zur Durchführung von Dauertests und weiteren notwendigen Prüfungen, wie beispielsweise Crashtests, verwendet.

Der Wechsel zu den Serienwerkzeugen kann jedoch zunächst die Produkteigenschaften negativ beeinflussen. Außerdem werden im Rahmen der Feinabstimmung der Komponenten vorher nicht erkennbare Sekundäreffekte wie Schwingungsresonanzen oder elektromagnetische Wechselwirkungen identifiziert. Zusammen mit den steigenden Qualitätsanforderungen können hierdurch Produkt- oder Prozessänderungen notwendig werden. Untersuchungen in der Automobilindustrie haben ergeben, dass während der Nullserie etwa 20 Prozent aller Änderungen im Anlauf eingepflegt werden müssen [Vgl. L03; S.10f], [Vgl. SBA02; S.33ff].

4.4 Produktionshochlauf

Der Produktionshochlauf erfolgt nach der abgestimmten Steilheit der Anlaufkurve. und beginnt nach der Abnahme der Anlage und der Serienfreigabe des Produktes mit dem SOP [Vgl. KWESW02; S.42], [Vgl. S01; S.10f]. Hierbei handelt es sich um die Herstellung des ersten kundenfähigen Produktes, dem Job Number One [Vgl. FNLWW04; S.29ff], [Vgl. BR01; S.150ff]. Dies ist häufig auch der Zeitpunkt im Projekt, an dem die Verantwortung für den Produktionsbereich vom Projektteam des Anlaufs an die Serienproduktionsleitung übergeht. Somit ändert sich auch die Organisationsform von der Projektorganisation zur Linienorganisation [Vgl. L03; S.11f].

4.5 Abgesicherte Produktion

Sobald eine abgesicherte Produktion erreicht ist, kann der Anlauf als abgeschlossen betrachtet werden und die Markteinführung beginnt. Die Verantwortung liegt nun vollständig bei der Produktionsleitung und das Anlaufteam sowie die SETs werden nach Fertigstellung der Projektdokumentation aufgelöst [Vgl. L03; S.13f]. Das Erreichen der Normalproduktivität ist dabei auch das Ende des PEP.

5 Anlaufmanagement im Produktionsanlauf

„Das Anlaufmanagement eines Serienproduktes umfasst alle Tätigkeiten und Maßnahmen zur Planung, Steuerung und Durchführung des Anlaufs mit den dazugehörigen Produktionssystemen ab der Freigabe der Vorserie, bis zum Erreichen einer geplanten Produktionsmenge unter Einbeziehung vorgelagerter Prozesse im Sinne einer messbaren Eignung der Produkt- und Prozessreife." [KWESW02: S.8]

Abbildung 10 stellt eine mögliche Einordnung des Anlaufmanagements dar. In der Abbildung wird deutlich, dass der Produktionsanlauf ein zunehmend stetiger, sich verändernder Prozess ist. Ein Produkt, wie auch die dazugehörigen Prozesse, sind ständigen Anpassungen unterworfen, es findet ein Übergang von Einzelanläufen zu regelmäßigen Neuaufwürfen (z.B. „Facelifts") statt [Vgl. VT05; S.11ff].

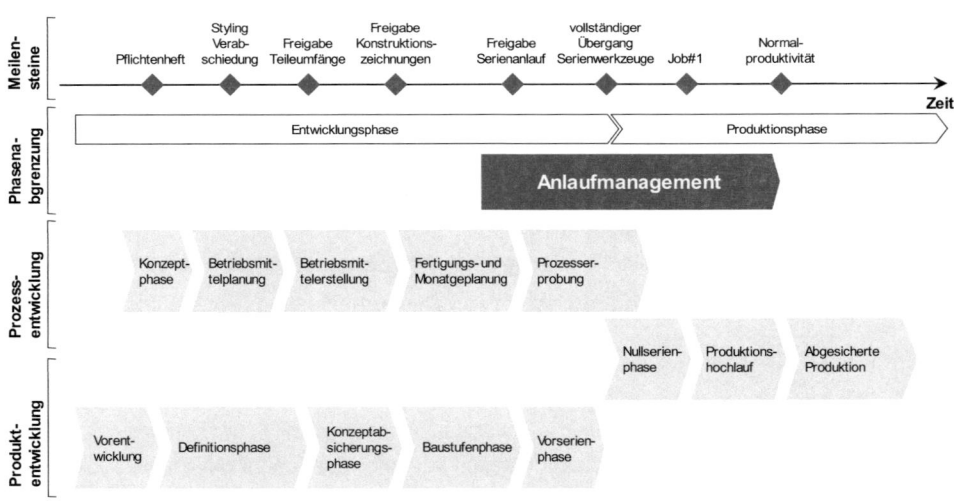

Abbildung 10: Phasenschema der Entwicklungsprozesse in der Automobilindustrie [Vgl. M05; S.148], [Vgl. VW98a; S.19]

Die vollständige Ertüchtigung der Ressourcen hinsichtlich der Leistungs- und Qualitätsfähigkeit wird gemäß der Definition des Anlaufs zum geplanten Projektende gefordert. Die Bereitstellung der unterschiedlichen Erzeugnismengen muss hingegen bereits zu verschiedenen Terminen während des Projektverlaufs erfolgen und dabei den geplanten Qualitätsmaßstäben entsprechen. Da sich die mögliche Produktionsleistung und Qualitätsrate der Anlage in der Realität nicht beliebig schnell steigern lassen, müssen diese Parameter im Projektverlauf stetig an die Sollwerte angenähert werden. Vor dem Hintergrund der beschriebenen Phasen des Produktionsanlaufs ergeben sich somit zeitbezogene Sollverläufe der Zielgrößen

- mögliche Produktionsleistungen,
- mögliche Qualitätsrate und
- herzustellende Gutteile-Menge [Vgl. KWESW02: S.18f].

5.1 Aktuelle Situation im Produktionsanlauf

Der Produktionsanlauf wird von den meisten Unternehmen in Form eines Projektes durchgeführt, welches durch "Einmaligkeit, eine konkrete Zielvorgabe, zeitliche, finanzielle und personelle Begrenzungen, einer Abgrenzung gegenüber anderen Vorhaben und eine projektspezifische Organisation" gekennzeichnet ist [HW06; S.22]. Diese Eigenschaften treffen auf alle Anlaufprojekte zu, wenn auch je nach Komplexitätsgrad in unterschiedlicher Ausprägung. In der Praxis werden die konkreten Zielvorgaben der Anlaufprojekte jedoch oft nicht erreicht. Vor allem die geplanten Kosten und Produktqualität sowie der festgelegte und gegenüber dem Kunden kommunizierte Termin zur Erreichung der geplanten Produktionskapazität werden häufig nicht eingehalten [Vgl. WHW02; S.651ff].

Abbildung 11 zeigt das Ergebnis einer Umfrage unter 255 europäischen Unternehmen der Automobil-Zulieferindustrie:

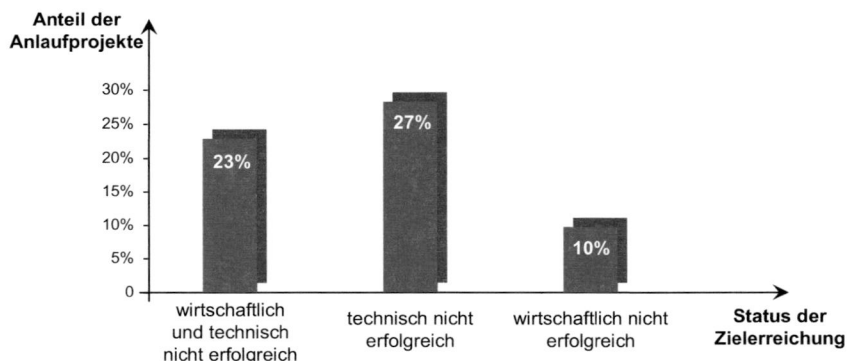

Abbildung 11: Zielerreichung von Anläufen [Vgl. SF04; S.276]

Demnach haben nur etwa 40 Prozent der Abläufe die wirtschaftlichen (Kosten) und technischen (Qualität) Ziele erreicht, etwa 23 Prozent verfehlen beide Ziele. Da ein Verfehlen der technischen Ziele zu einer Verlängerung der Anlaufdauer führt, bedeutet dies, dass insgesamt 50 Prozent der Abläufe die vorgesehene Zeitdauer überschreiten [Vgl. SF04; S.276ff]. Andere Studien bestätigen diese Situation; Die Studie "Fahrzeugentwicklung in Deutschland", einer Branchenbefragung unter 100 Unternehmen, ergab, dass von den befragten Unternehmen 20 Prozent die Anlauftermine meist nicht einhalten und 30 Prozent häufig die Zielkosten überschreiten.

Die Gründe für das Verfehlen der Ziele sind einerseits unrealistische Plan- und Zielwerte, andererseits eine Vielzahl von vermeidbaren Störeinflüssen, deren Auswirkungen auf das Projekt mit den Methoden des klassischen Projektmanagements nicht rechtzeitig oder nicht in ausreichendem Maße minimiert werden können [Vgl. BHK-P03, S.160ff]. Dieses wiederum liegt vor allem an der Komplexität der umfangreichen und interdisziplinären Aufgabe des Projektmanagements im Anlauf sowie dem Fehlen geeigneter, anlaufspezifischer Methoden und Werkzeuge. Auch in Unternehmensbefragungen wird das Projektmanagement als wichtiges Potenzialfeld für eine Verbesserung der Anlaufsituation genannt [Vgl. BHK-P03, S.144ff].

5.2 Ziele des Produktionsanlaufs

Die Ziele von Anlaufprojekten werden in der Literatur uneinheitlich beschrieben, da projektinterne und -externe Ziele meist nicht exakt getrennt werden. Externe Ziele werden dem Anlauf von seinem Umfeld vorgegeben und beziehen sich auf die nach außen direkt wirksamen Ergebnisse des Projekts. Die internen Ziele werden projektspezifisch aus den externen Zielen unter Berücksichtigung von Restriktionen und der gewählten Anlaufstrategie abgebildet. Sie dienen dem Projektcontrolling und ihre Erreichung ist nur innerhalb des Projekts von Interesse, solange die externen Ziele erfüllt werden.

Das entsprechende Zielsystem des Produktionsanlaufs wird im Folgenden hergeleitet. Hierbei wird auf den allgemein definierten Projektzielen aufgebaut, welche auch als das magische Dreieck des Projektmanagements bezeichnet werden. Jedes Projekt besitzt demnach zunächst ein Effektivitätsziel, welches ein möglichst gutes Ergebnis im Sinne einer hohen Aufgabenerfüllung fordert. Das Terminziel fordert grundsätzlich eine möglichst geringe Projektdauer. In der Praxis hingegen ist bei vielen Projekten eher entscheidend, dass die geplante Dauer eingehalten wird. Das Effizienzziel besagt, dass die Durchführung des Projektes möglichst geringen Aufwand verursachen sollte. Diese drei allgemeinen Ziele beeinflussen sich gegenseitig, wodurch letztlich bei der Festlegung der konkreten Zielvorgaben immer eine Positionierung vorgenommen werden muss [Vgl. vW98a; S.25ff].

Werden die allgemeinen Projektziele als Zielklassen interpretiert, so lassen sich ihnen die konkreten Zielinhalte eines Projektanlaufs zuordnen, wie in Abbildung 12 dargestellt:

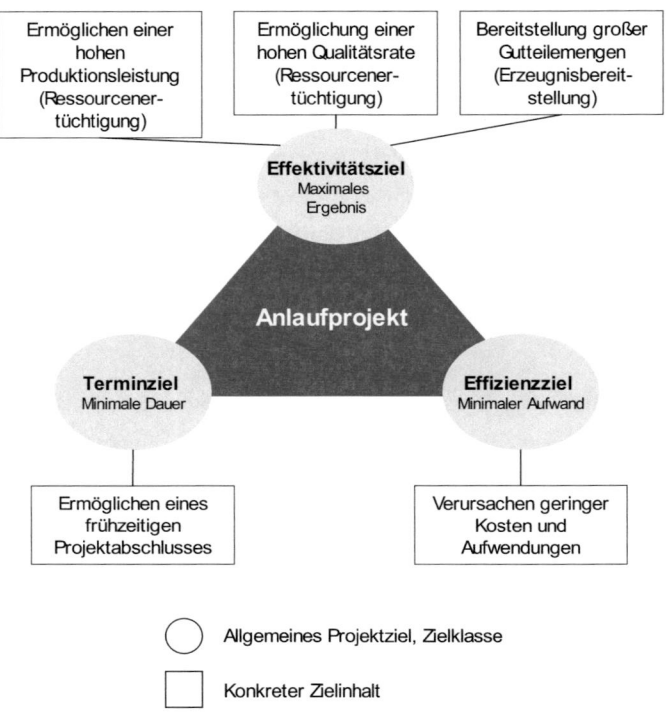

Abbildung 12: Zielsystem von Produktionsanläufen [Vgl. NHW07; S.105]

Nach DAEZER und HUBER besitzen Ziele neben dem Zielinhalt auch ein Zielausmaß. Der Inhalt ist allgemeingültig und formuliert den gewünschten Zustand verbal, bspw. als "minimaler Projektaufwand", ohne diesen jedoch exakt zu quantifizieren. Das Ausmaß beschreibt eine, als Ziel zu konkretisierende Zielkennzahl sowie deren projektspezifische Größe. Es stellt meist nicht das theoretische Maximum dieser Zielgröße dar, da dieses bei den vorgegebenen Randbedingungen und vertretbarem Aufwand oft nicht erreicht werden kann. Daher ist es im Umkehrschluss theoretisch auch möglich, das so definierte Ziel zu übertreffen, was jedoch nicht immer wirtschaftlich sinnvoll ist [Vgl. DH02; S.XXff].

5.2.1 Effektivitätsziele des Anlaufs

Der Anlauf soll definitionsgemäß zum Projektende eine geplante Leistung ermöglichen, wobei die, in der Planungsphase angenommenen personellen, technischen und organisatorischen Randbedingungen eingehalten werden müssen. Dieses beinhaltet auch das Erreichen einer hohen Qualitätsfähigkeit des Produktionssystems. Weiterhin müssen im Anlauf zu verschiedenen Zeitpunkten definierte Mengen unterschiedlicher Ausprägungen des Produktes bereitgestellt werden, welche für Produkt- und Anlagentests sowie Vorführzwecke benötigt werden. Es ergeben sich somit drei Effektivitätsziele für den Produktionsanlauf:

- Das Ermöglichen einer hohen Produktionsleistung bedeutet, die im Anlauf befindlichen Ressourcen so zu befähigen, dass sie im Serienbetrieb eine hohe Produktmenge je Zeiteinheit herstellen können. Wird bei diesem Teil der Ressourcenertüchtigung der Planwert übertroffen, kann es zu einer Kostenreduktion während der Serienproduktion kommen. Es läge somit eine sinnvolle Zielüberschreitung vor [Vgl. SBA02; S.52ff].
- Das Ziel der Bereitstellung großer Gutteilemengen entsteht aus der Notwendigkeit, möglichst große Mengen der während des Projektverlaufes für unterschiedliche Zwecke benötigten Erzeugnisse herzustellen. Die Produktion nicht benötigter Erzeugnisse stellt jedoch für den Anlauf und dessen Umfeld keinen Gewinn dar und bedeutet daher kein sinnvolles Übertreffen des Ziels [Vgl. SBA02; S.54].
- Der zweite Bestandteil der Ressourcenertüchtigung ist das Ermöglichen einer hohen Qualitätsrate während der Serienproduktion. Ein Übertreffen des geplanten Wertes ist grundsätzlich erstrebenswert, da hierdurch der relative Material- und Zeitbedarf im Serienbetrieb gesenkt werden kann [Vgl. L03; S.9ff].

5.2.2 Effizienzziel des Anlaufs

Der Anlauf eines neuen Produktes ist mit so hohem Aufwand für die beteiligten Unternehmen verbunden, dass dieser sich merklich auf die Gesamtrendite des Produktes auswirkt. Daher müssen die beschriebenen Effektivitäts- und Terminziele effizient, also mit möglichst geringem Aufwand, erreicht werden. Der Aufwand eines Anlaufprojektes wird im Wesentlichen durch die Beschaffung oder Nutzung der benötigten Ressourcen bestimmt, da dieses für das Unternehmen entweder zusätzliche Kosten oder einen Ressourcenmangel an anderer Stelle bedeutet. Zu den Ressourcen gehören im wesentlichen Mitarbeiter, Projekt- und Produktionsflächen, Technik und Material.

Unter der Annahme, dass der gesamte, durch den Anlauf entstehende Aufwand durch Kosten abgebildet werden kann, ist der anlaufspezifische Zielinhalt des Effizienzziels, möglichst geringe Anlaufkosten zu verursachen [Vgl. L03; S.9ff]. Die Anlaufkosten sind definiert als die "nicht erlösfähigen Mehraufwendungen bei Fertigungsanläufen im Rahmen einer Serienfabrikation". Da im Projektverlauf noch keine oder nur geringe Erlöse erwirtschaftet werden, führen die zahlungswirksamen Ressourcenkosten zu kalkulatorischen Kosten für die Kapitalbindung während der Projektdauer [Vgl. SBA02; S.60].

5.2.3 Terminziel des Anlaufs

Viele Unternehmen verfolgen das Ziel, die Dauer zukünftiger Produktionsanläufe signifikant zu senken. In der Praxis muss vor allem sichergestellt werden, dass der geplante Endtermin nicht oder in möglichst geringem Maße überschritten wird. Diese zeitliche Beherrschung des Anlaufs vermeidet Konventionalstrafen und Imageverluste. Das Ermöglichen eines Projektabschlusses vor dem Plantermin kann ebenfalls Vorteile für das Unternehmen bringen. Dieses gilt vor allem, wenn das Produkt vor einem Konkurrenzprodukt am Markt erscheinen soll [Vgl. L03; S.9ff].

Das Terminziel des Anlaufs besteht also in dem Ermöglichen eines frühzeitigen Projektabschlusses.

5.3 Disziplinen im Anlaufmanagement

Anlaufmanagement ist eine Aufgabe, die in jedem Unternehmen besteht, das neue Produkte oder Prozesse einführt. Häufig bearbeiten verschiedene Unternehmensbereiche einzelne Aspekte des Anlaufmanagements, ohne dass ein Austausch stattfindet. Dann kommt es meist zu Ineffizienzen aufgrund unvollständiger oder mehrfacher Bearbeitung eines Themas. Noch problematischer ist aber, dass die unvernetzte Vorgehensweise in erheblichem Maße ineffektiv ist, da bereichsübergreifende

Aspekte nicht erkannt oder falsch eingeschätzt werden. Daraus resultieren Friktionen, die erhebliche negative Auswirkungen auf den Produktionsanlauf haben. Um diese Friktionen zu verhindern, muss schon mit Beginn der Entwicklungsphase, d.h. lange vor den ersten Vorserienfahrzeugen, ein ganzheitliches Management des Produktionsanlaufs einsetzen [Vgl. KWESW02; S.12f].

Anlaufmanagement ist in erster Linie die systematische Integration einzelner Koordinationsleistungen, die unabhängig vom Umfeld aktiv betrieben werden muss, dieses aber berücksichtigt und bereichsübergreifend angelegt ist, um bereichsintegrierend wirken zu können. Die Existenz eines Simultaneous Engineering Teams erleichtert das Anlaufmanagement, macht es aber nicht überflüssig.

Die Inhalte des Anlaufmanagements variieren je nach Art und Innovationsgrad von Produkt und Prozess und können beispielsweise auch Fragen der Projektfinanzierung, Standortauswahl oder Werkstrukturplanung beinhalten. Darüber hinaus ist es das Ziel des Anlaufmanagements, den Produktentstehungsprozess im Hinblick auf die mit dem Projekt in Zusammenhang stehenden Unternehmensziele zu optimieren. Dazu wird das Anlaufmanagement in Aufgabenbereiche untergliedert [Vgl. AIKTF08; S.875ff].

5.4 Anlaufplanung

Die Anlaufplanung bildet den Kernbereich des Anlaufmanagements und umfasst die frühzeitige und umfassende Abstimmung der Einzelinteressen aller Beteiligten und die Wissensbündelung. Die Grundlage bildet ein projektneutraler Anlaufplan, der die Standardabläufe mit ihren logischen Verknüpfungen und Prämissen dokumentiert. Er ist das Instrument zur Organisation des Informationsaustausches und der Gestaltung der Anknüpfungspunkte zwischen den Bereichen.

Die Anlaufkurven stellen phasenbezogene Konkretisierungen der Ziele dar und bauen aufeinander auf. Die zu bestimmten Terminen von Entwicklung, Produktion und Vertrieb geforderten Erzeugnismengen und deren Qualitätsanforderungen führen zu bestimmten Gutteilemengen je Zeitabschnitt. Daraus ergibt sich die zu jedem Zeitpunkt notwendige Leistungs- und Qualitätsfähigkeit der Ressourcen [Vgl. FNLWW04; S.29ff].

Abbildung 13 zeigt einen beispielhaften Verlauf derartiger Anlaufkurven. Neben der Qualitätsfähigkeit sind auch die Mengen- und Leistungskennzahlen als normierte Werte dargestellt, wobei 100 Prozent dem Zielwert der je Zeitabschnitt herzustellenden Erzeugnismenge entsprechen. Auf diese Weise können die Anlaufkurven mit einer gemeinsamen Ordinate dargestellt werden.

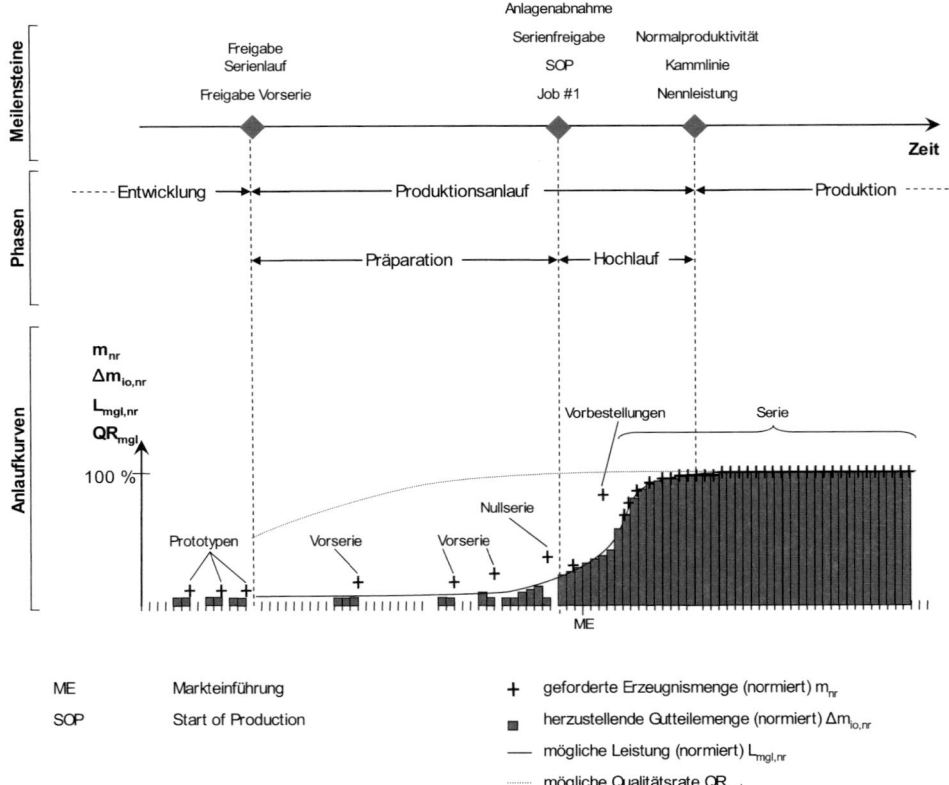

Abbildung 13: Phasen eines Produktionsanlaufs mit Hochlaufkurve [Vgl. W07; S.19]

Von Unternehmensfunktionen geforderte Erzeugnismengen liegen bereits in der Entwicklungsphase vor, da hier Prototypen zu bestimmten Terminen benötigt werden, um das jeweilige Entwicklungszwischenergebnis überprüfen zu können. In der Präparationsphase werden Produkte im Rahmen der Vorserienproduktion und der Nullserienproduktion gefertigt [Vgl. BR01; S.150ff], [Vgl. R03; S.183ff]. In der Hochlaufphase werden aufgrund der Vorbestellungen und der steigenden Absatzzahlen nach der Markteinführung mehr Produkte je Zeiteinheit benötigt, als in dieser Phase produziert werden können. Die zwischen Serienstart und Markteinführung hergestellten, typischen Modellvarianten werden zur Deckung dieser Differenz verwendet. Es ist zu beachten, dass die Vertriebskurve auf Schätzungen der Vertriebsabteilung basiert und daher in Abhängigkeit von Marktbefragungen und Presseberichten häufig während des Projektverlaufes angepasst werden muss.

Die mögliche Leistung des Produktionssystems weist zu Beginn des Anlaufs nach der Realisierung der Anlagen ihren Minimalwert auf. In der Präparationsphase werden die einzelnen Teilsysteme ertüchtigt, die Produktionskapazität des Gesamtsystems steigt langsam. Im Hochlauf werden weitere Probleme behoben und weitere Verkettungsverluste durch Abstimmung und Synchronisierung des Systems verringert. Nach einem hierdurch verursachten steilen Anstieg nähert sich die Anlaufkurve abschließend langsam der Normalproduktivität an. Die in Abbildung 13 dargestellte Kurve der möglichen Leistung ist jedoch stilisiert. In der Realität weist sie Stufen auf, da die Änderungen durch zeitdiskrete Maßnahmen ausgelöst werden [Vgl. SFL03; S.50ff].

Die mögliche Qualitätsrate der Anlage wird ebenfalls im Projektverlauf von einem relativ niedrigen Startwert aus stetig gesteigert. Sie nähert sich zum Projektende mit abflachender Steigung dem theoretischen Zielwert von 100 Prozent an. Eine frühe Steigerung der Qualitätsrate ist vorteilhaft, da sie die Qualitätskosten senkt und somit das Effizienzziel des Anlaufs unterstützt. Auch für die Qualitätsrate gilt, dass die Kurve in der Realität deutliche Stufen aufweist. Während der Produktionsphase wird die Qualitätsfähigkeit im Rahmen eines kontinuierlichen Verbesserungsprozesses weiter gesteigert [Vgl. FNLWW04; S.29ff].

5.5 Teileverfolgung

Die Komplexität des Automobils und seines Entstehungsprozesses bringt es mit sich, dass ein hohes Maß an Unsicherheit bezüglich der Einhaltung des Projektzeitplans besteht. Verzögert sich im Laufe der Produktentwicklung die Verfügbarkeit nur eines Bauteils sehr stark, so kann dies die Verschiebung des Serienanlaufs bedeuten – mit den bereits beschriebenen Konsequenzen für das Unternehmen. Damit ebendies durch rechtzeitig eingeleitete Risiko begrenzende Maßnahmen verhindert werden kann, ist die Früherkennung terminkritischer Bauteile von essenzieller Bedeutung [Vgl. R03; S.227ff]. Teileverfolgung bedeutet in diesem Zusammenhang die Schaffung ständiger Transparenz über den Entwicklungsstand der Teile, das erreichte Qualitätsniveau (Werkzeugstatus, Prozessfähigkeit) und die zeitliche Verfügbarkeit in einem bestimmten oder verschiedenen Entwicklungs- und Qualitätsständen. Abbildung 14 zeigt eine mögliche Art der Verfolgung:

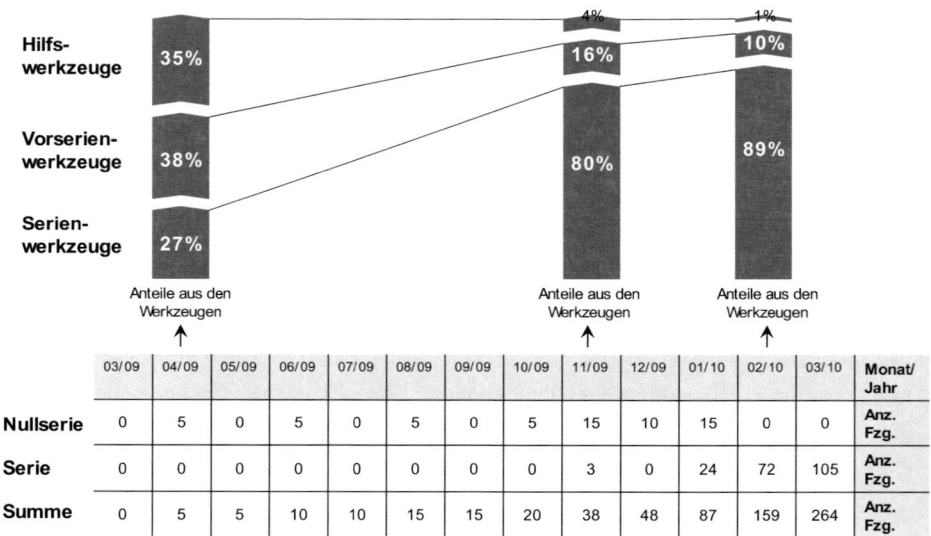

Abbildung 14: Indikatoren der Teileverfügbarkeit [Vgl. K96; S.37]

Aus diesen Kriterien lässt sich ableiten, wie viele und vor allem welche Teile und Werkzeuge kritisch bezüglich des Projektzeitplans sind und daher einer besonders intensiven Betreuung bedürfen.

Abbildung 15 zeigt ein Beispiel einer Einstufung von Teileständen anhand der Kriterien:

- In Ordnung (kurz: i.O.), also zum Verbauzeitpunkt lieferbar
- Kritisch, also Anlieferung zum Verbauzeitpunkt gefährdet und

- Sehr kritisch, also Anlieferung zum Verbauzeitpunkt sehr stark gefährdet [Vgl. K96; S.17f].

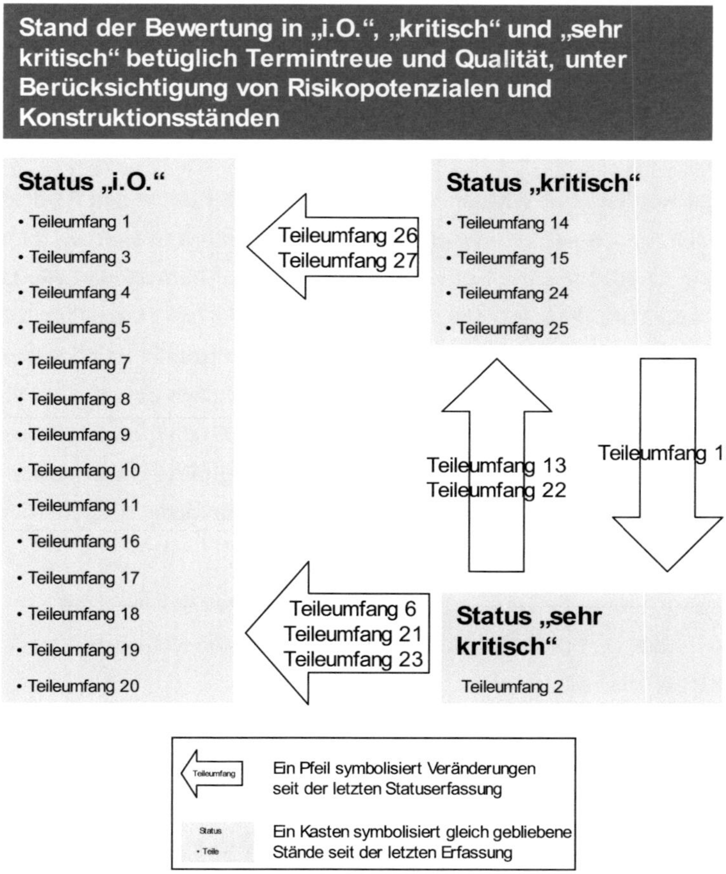

Stand der Bewertung in „i.O.", „kritisch" und „sehr kritisch" betüglich Termintreue und Qualität, unter Berücksichtigung von Risikopotenzialen und Konstruktionsständen

Status „i.O."
- Teileumfang 1
- Teileumfang 3
- Teileumfang 4
- Teileumfang 5
- Teileumfang 7
- Teileumfang 8
- Teileumfang 9
- Teileumfang 10
- Teileumfang 11
- Teileumfang 16
- Teileumfang 17
- Teileumfang 18
- Teileumfang 19
- Teileumfang 20

Teileumfang 26
Teileumfang 27

Status „kritisch"
- Teileumfang 14
- Teileumfang 15
- Teileumfang 24
- Teileumfang 25

Teileumfang 13
Teileumfang 22

Teileumfang 12

Teileumfang 6
Teileumfang 21
Teileumfang 23

Status „sehr kritisch"

Teileumfang 2

Ein Pfeil symbolisiert Veränderungen seit der letzten Statuserfassung

Ein Kasten symbolisiert gleich gebliebene Stände seit der letzten Erfassung

Abbildung 15: Transparente Darstellung der Teileumfänge [Vgl. K96; S.18]

Die Statusverfolgung umfasst im ersten Schritt Bauteilsysteme und -module, die kritischen werden in weiteren Näherungsschritten in ihre Baugruppen und Einzelteile gegliedert, die dann einzeln in den zugehörigen Werkzeugen betrachtet werden. Um die hierfür erforderlichen Informationen erheben zu können, ist eine enge und offene

Zusammenarbeit zwischen dem Hersteller und seinen (unternehmensinternen und – externen) Lieferanten erforderlich [Vgl. K96; S.18].

5.6 Änderungsmanagement

Eine Änderung ist „(…) die vereinbarte Festlegung eines neuen anstelle des bisherigen Zustands und die dazugehörige Transformation" [DIN6789]. Änderungen werden an Produkten vorgenommen, die im Laufe des Produktlebenszyklus häufiger modernisiert, angepasst oder weiter verbessert werden, da Innovationsprozesse Ungewissheiten bergen, die durch Lernen überwunden werden müssen. Dies bedeutet, dass technische Änderungen nicht nur zwangläufig auftreten, sondern Bestandteil des Innovationsprozesses sind. Innovation ist ohne technische Änderungen nicht vorstellbar. Problematisch ist jedoch, dass das größte Lernpotenzial während des Serienanlaufs gegeben ist. Daraus resultiert einerseits eine Häufung der Änderungsfälle und andererseits – durch großen Termindruck – eine zunehmende Unübersichtlichkeit der technischen Änderungen. Folgende Fälle der Ineffizienz treten dabei in der Entwicklungspraxis auf:

- Änderungen werden nur ungenügend oder gar nicht dokumentiert.
- Ein Bauteil wird geändert, davon betroffene Bauteile werden bei der Änderung nicht berücksichtigt.
- Die Einsatztermine bauteilübergreifender Änderungen werden nicht abgestimmt.
- Die Änderung eines Bauteils wird durch nachfolgende Änderungen eingeholt.
- Durch abgestimmte Werkzeugänderungen fehlen Teile mit alten Konstruktionsständen für den Fahrzeugaufbau.

Die Abwicklung von Änderungen im Rahmen des Entwicklungsprozesses wird als Änderungsmanagement bezeichnet und bedeutet gezielte und ständige Abstimmung der einfließenden Änderungen bezüglich betroffener Teile- und Werkzeugumfänge sowie Einsatzterminen und geplanter Verwendung. Änderungsmanagement bewirkt Anlaufstabilisierung, durch zueinander passende Änderungsstände und Transparenz bezüglich der noch einfließenden Konstruktionsänderungen sowie Kostenreduzierung, durch verringerten Anpassungsaufwand und schnelleres Erreichen des Serienzustands [Vgl. Wi10; S.15ff].

Das Änderungsmanagement begegnet den o.g. Ineffizienzen mit drei sich ergänzenden Ansätzen:

- Vorverlagerung von Änderungen durch vorausschauende Berücksichtigung
- Beschleunigung der Durchlaufzeit, insbesondere durch Verkürzung der Beschlusszeiträume und
- Auswahl der Änderungen nach technischer und wirtschaftlicher Notwendigkeit

Abbildung 16 zeigt die Wirkung des optimierten Änderungsmanagements als zeitlichen Aufwand:

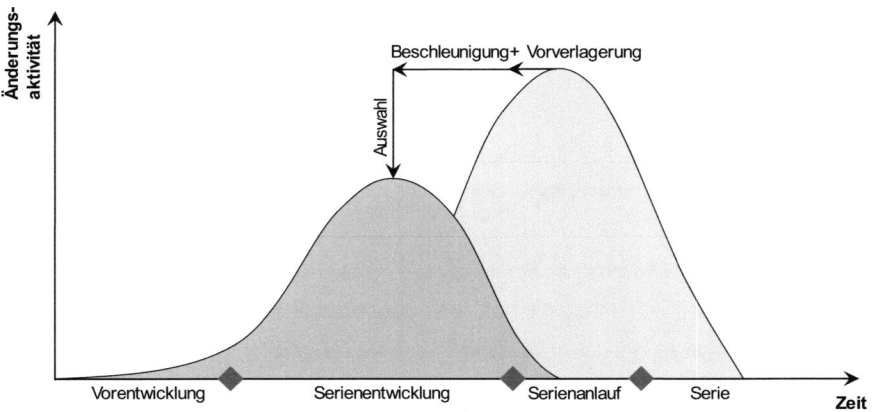

Abbildung 16: Wirkung des Änderungsmanagements [Vgl. Wi10; S.32]

Ein wichtiges Element des Änderungsmanagements ist die Einsatzsteuerung. Sie umfasst die Auswahl der Änderungen und die Festlegung des Einsatztermins in der Produktion. Dabei sind umfangreiche Koordinationsleistungen zu erbringen, da auch in der Frage eines Änderungseinsatzes die sehr unterschiedlichen Interessen von Beteiligten und von Betroffenen auszugleichen sind.

Abbildung 17 zeigt die Vorgehensweise des Änderungsmanagements bei der Abstimmung der Konstruktionsstände:

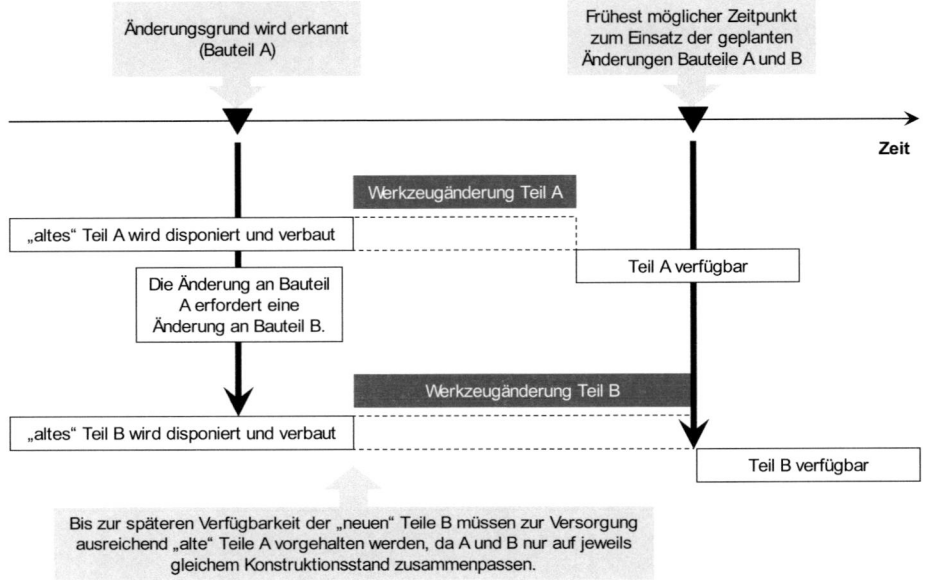

**Abbildung 17: Abstimmung der Konstruktionsstände durch Änderungsmanagement
[Vgl. R03; S.228]**

Neben der Automobilindustrie begleitet ein Änderungsmanagement auch andere Industrien, wie beispielsweise die Luft- und Raumfahrtindustrie. Unterschiede bestehen hauptsächlich in der Durchlaufzeit von Änderungen, spezifischen gesetzlichen Vorgaben für Änderungen und für die Durchführung von Änderungsabläufen sowie in der Häufigkeit von Änderungen.

Der Änderungsprozess nach DIN 199 Teil 4 definiert die generelle Vorgehensweise, die in Unternehmen verfolgt wird. Abbildung 18 zeigt die Vorgehensweise im Änderungsmanagement gemäß DIN:

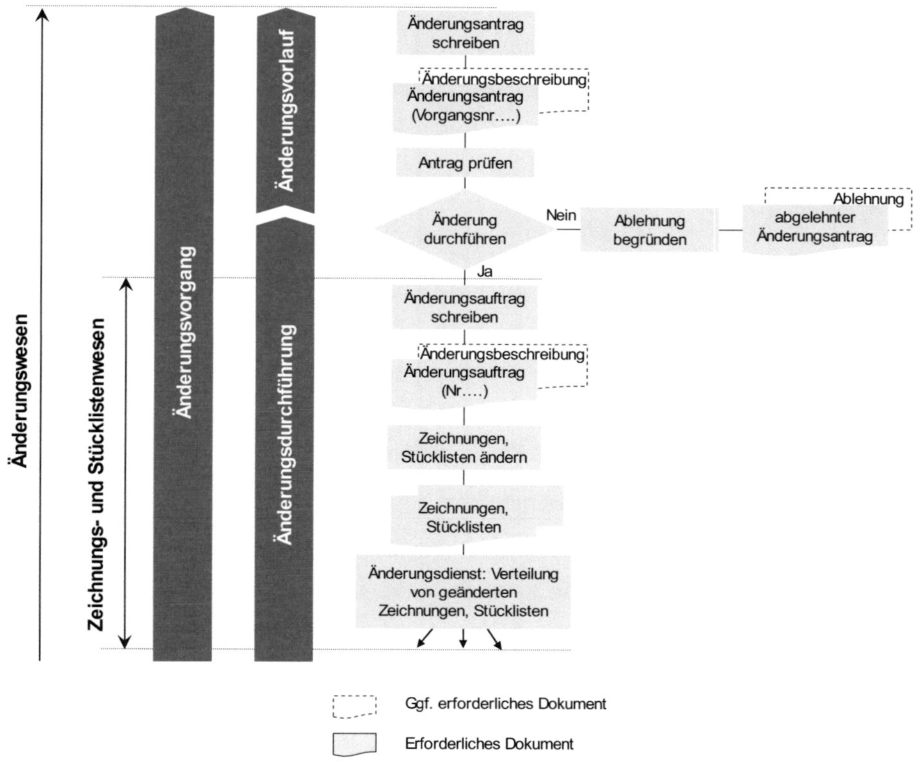

Abbildung 18: Der Änderungsprozess [DIN199]

Vereinfacht dargestellt beginnt das Änderungsmanagement mit der Antragstellung, durchläuft einen mehrstufigen Genehmigungs- und anschließenden Freigabeprozess in verschiedenen Fachbereichen und gelangt schließlich zur Umsetzung, das heißt der Einplanung in ein zu änderndes Produkt (Abbildung 19).

Abbildung 19: Vereinheitlichte Darstellung des Änderungsprozesses [eigene Darstellung]

Nach WILDEMANN wird die Bedeutung des Änderungsmanagements aufgrund steigender Änderungsursachen zunehmen. Externe Ursachen sieht WILDEMANN im steigenden Wettbewerbsdruck, kurzen Produktlebenszyklen und internen Ursachen durch das Bemühen um kontinuierliche Verbesserung. Die Gestaltung eines vielseitigen Prozesses erfordert eine ständige Anpassung an aktuelle Rahmenbedingungen [Vgl. W03; S.2].

Trotz des im Sinne des Gesamtmodells ganzheitlichen Änderungsmanagements werden in der Realität die technischen Produktänderungen nach wie vor eine besondere Rolle spielen. Eine der größten Herausforderungen ihrer Bewältigung ist, abgesehen von der Beeinflussung der Ursachen ihres Auftretens, die Kenntnis ihrer Folgen für Produkt und Prozesse. Dazu kommt durch die große Anzahl zu realisierender technischer Änderungen im Produktlebenszyklus die Herausforderung,

den gesamten Änderungsprozess möglichst effizient zu gestalten.

Das heißt, dass ausgehend von der Änderung einer konkreten Teileposition zunächst alle Objekte ermittelt werden, die in direkter oder aber in funktional/ logischer Beziehung dazu stehen. Insbesondere die über Verbindungspositionen physisch verbundenen Einzelteilpositionen lassen sich ohne weiteres maschinell ermitteln, ein Vorgang der in klassischen Stücklistensystemen aufgrund der vorhandenen Aggregationen nur durch die unmittelbare Unterstützung von Expertenwissen stattfinden kann. Somit wird frühzeitig und automatisiert ein erster Hinweis über den physischen Änderungsumfang gegeben.

Ähnlich verhält es sich mit den funktional/ logischen Abhängigkeiten, die in gleicher Weise maschinell unterstützt ermittelt werden können. Wichtig ist hierbei jedoch die bereits beschriebene Eingrenzung des Detaillierungsgrades der Abhängigkeitsermittlung.

Die vollständige Ermittlung des Auswirkungsumfanges einer Änderung besitzt auch aus ablauforganisatorischer Sicht eine hohe Relevanz, da mit den betroffenen Objekten auch entsprechende organisatorische Verantwortlichkeiten verbunden sind, die sich nicht selten in völlig unterschiedlichen Prozessabschnitten befinden. Mit Hilfe des ermittelten Änderungsumfanges können diese Organisationseinheiten per Workflow (englisch für Arbeitsdurchlauf) in den Änderungsprozess einbezogen werden, in dem sie eine Rückmeldung geben, inwieweit und in welcher Form die jeweiligen Objekte von einer Änderung betroffen sind. So können auch beispielsweise mögliche Änderungskosten per Workflow eingeholt und im Gesamtmodell als Planwerte abgebildet werden. Zur effizienten Umsetzung des erkannten Änderungsumfanges liefert das integrierte Prozess- und Datenmodell als Basis für die sog. Einsatzsteuerung die an den Einzelteilen bzw. –objekten existenten Änderungsrestriktionen. Die Einsatzsteuerung legt dann fest, welche Umfänge zwangsläufig gemeinsam und zu welchem Zeitpunkt in den Produktionsprozess einfließen müssen. Sie bezieht sich auf alle im Gesamtmodell vorhandenen Objekte, das heißt, dass zusätzlich zu den Teilepositionen auch die Prozess-, Betriebsmittel- oder Fabriklayout-Objekte im Bedarfsfall mit Einsatzsteuerungskriterien versehen werden. Einsatzsteuerungskriterien können neben Terminen, wie z. B. dem frühestmöglichen Liefertermin eines Lieferanten auch Bestände, d. h. Restbestände an Teilepositionen, die zunächst noch verbraucht werden müssen oder aber bestimmte Qualitätsstände sein. Nach der Umsetzung einer technischen Änderung werden die tatsächlich realisierten Änderungskosten in einem weiteren Workflow- Umlauf ermittelt und als IST- Kosten im Gesamtmodell abgelegt. Die Kostendokumentation kann bei Bedarf durch qualitative Aussagen in Form von Erfahrungswerten, z. B. die der Produktion, ergänzt werden.

Insgesamt gesehen ist der Prozess technischer Änderungen als Kreislauf zu verstehen, der ausgehend vom Änderungsbedarf über Änderungsplanung und Änderungsrealisierung bis hin zur Erfahrungsweitergabe an den „nächsten" Änderungsprozess wirkt. Die Elemente des Kreislaufs lassen sich wie folgt zusammenfassen:

- Maschinell unterstützte Ermittlung/Planung des Änderungsumfanges.
- Workflowbasierte Ergänzung durch zusätzliche Informationen.
- Einbeziehung aller relevanten Restriktionen im Sinne Einsatzsteuerung.
- Feedbackschleife/Wirkungscontrolling (z. B. Erfahrungen oder IST-Kosten) nach Änderungsrealisierung. [Vgl. J04b; S.116ff]

5.6.1 Bedeutung und Wirkung des Änderungsmanagements

In der wirtschaftswissenschaftlichen Forschung wurde die Problematik ökonomischer Auswirkungen technischer Änderungen erst relativ spät erkannt. Zu Beginn der achtziger Jahre finden sich in der amerikanischen Managementliteratur erste Hinweise zu vermuteten Zusammenhängen zwischen dem Änderungsmanagement und der Effizienz von Entwicklungsprozessen [Vgl. HC86; S.70f], [Vgl. HC88; S.64f].

MILLER und VOLLMANN können in einer empirischen Studie 1984 in der US-Elektroindustrie 20 % bis 40 % der Gemeinkosten in den betrachteten Unternehmen auf Änderungen zurückführen [Vgl. MV85; S.146]. HAYES und CLARK beobachten bei einer mehrjährigen vergleichenden Untersuchung in zwölf verschiedenen Industrieunternehmen deutliche Produktivitätsrückgänge im Fall einer Zunahme der Anzahl technischer Änderungen [Vgl. HC86; S.70ff].

Auf Basis von vergleichenden Fallstudienuntersuchungen in US-amerikanischen und japanischen Unternehmen konnte ein deutlicher Wettbewerbsvorteil der letzteren aufgrund von frühzeitigeren sowie weniger umfangreichen Änderungen festgestellt werden. Die internationale Literatur zu diesem Thema ist auch heute noch weit verstreut und behandelt das Änderungsmanagement in sehr unterschiedlicher Tiefe. Nicht zuletzt deshalb veröffentlichte WILDEMANN einen Leitfaden zur praktischen Einführung eines effizienten Managements technischer Änderungen [Vgl. Wi10].

BOZNAK erstellt mittels einer Studie über amerikanische und europäische Unternehmen in den verschiedensten Branchen einen internationalen Überblick. Innerhalb seiner Stichprobe ermittelt er einen Durchschnitt von 330 Änderungen pro Monat und Projekt sowie mittlere Kosten in Höhe von US$ 1.400 pro Änderung. Die administrativen Kosten der Änderungen in den betrachteten Unternehmen sind beträchtlich und stehen nicht selten einem deutlich geringeren Nutzen der Änderungen gegenüber [Vgl. B94; S.74ff]. WILDEMANN spricht bei dieser Problematik von einer zu beachtenden „Ambivalenz von Produktänderungsprozessen", die er im Spannungsfeld zwischen Verschwendung und Verbesserung sieht [Vgl. Wi05; S.41ff].

Darüber hinaus konstatieren HUANG und MAK in Folge einer Untersuchung über technische Änderungen in Großbritannien abschließend: „Engineering Changes are unavoidable. (…) failure to control ECs can lead to loss of time, deprivation of control over the configuration of the product, loss of money, and low profitability" [HM99; S.22]. In einer weiteren Studie unter elf Unternehmen in Hong Kong kommen HUANG, YEE und MAK zu dem Schluss, dass Änderungsmanagement bei jedem der untersuchten Unternehmen bereits als Potenzial gesehen wird [Vgl. HYM03; S.482]. DIPRIMA sieht in technischen Änderungen ferner ein leistungsfähiges Werkzeug, um technologischen Innovationen der Wettbewerber zu begegnen und somit Wettbewerbsvorteile zu erlangen [Vgl. D82; S.81ff]. Wird die Wirkung von technischen Änderungen betrachtet, so ist insbesondere der durch TERWIESCH und LOCH geprägte Begriff des „Schneeball-Effekts" zu nennen [Vgl. TL99; S.167]. Dieser beruht auf der Tatsache, dass zwischen den einzelnen Bauteilen enge Beziehungen bestehen. Je stärker diese Beziehungen sind, desto wahrscheinlicher ist es, dass Änderungen an einer Komponente Änderungen an einer anderen Komponente oder am Produktionsprozess nach sich ziehen [Vgl. R01; S.285ff].

Es ist festzuhalten, dass in der Industrie das Management technischer Änderungen mittlerweile als Problemfeld anerkannt ist. Jedoch erhält dieses gemessen an seiner Bedeutung noch immer zu wenig Aufmerksamkeit [Vgl. DT05; S.205f].

5.6.2 Allgemeine Defizite im Änderungsmanagement

Unternehmen fehlt zumeist ein Gesamtüberblick über die bestehende Änderungsproblematik. Eine Ursache hierfür sehen VOIGT und CONRAT in einer immer noch vorherrschenden sehr eingeschränkten Sichtweise des Änderungswesens. Die Gesamtheit der Defizite in unmittelbarem Zusammenhang mit technischen Änderungen und damit einhergehende Verbesserungspotenziale werden dadurch nur unzureichend erkannt [Vgl. VC98; S.7] Ansatzpunkt einer ganzheitlichen Optimierung des Änderungswesens muss demzufolge eine prozessorientierte Sichtweise sein. Erst die Betrachtung der gesamten Prozesskette einer technischen Änderung erlaubt die Identifikation des vollständigen Spektrums möglicher Defizite. In der Literatur lassen sich bereits seit langer Zeit Hinweise auf Probleme im industriellen Änderungsmanagement finden [D77], [D63], [B77]. Diese Mängel werden zunehmend als Ursache gravierender Wettbewerbsnachteile betrachtet [Vgl. B94; S.74ff]. Bei den von REICHWALD und CONRAT geführten Expertengesprächen in der Industrie wird wiederholt die Meinung vertreten, dass zu viele technische Änderungen anfallen. Eine solche Aussage wirft die Frage nach dem Anteil vermeidbarer Änderungen und diesbezüglichen Defiziten im Entwicklungs- und Änderungsprozess auf [Vgl. RC94; S.221ff]. Eine Abschätzung dieses Rationalisierungspotenzials fällt, wie die eigenen Untersuchungen ebenfalls bestätigen, allerdings auch langjährigen Experten aus dem Änderungswesen schwer. Um das Vermeidungspotenzial von

Änderungen dennoch einschätzen zu können, empfehlen VOIGT und CONRAT eine Eingrenzung in zwei Schritten [Vgl. VC98; S.28].

Zunächst wird in einem ersten Schritt ermittelt, wie groß der Anteil der Änderungen ist und deren änderungsauslösende SOLL-/ IST-Abweichung (bspw. ein konstruktiver Fehler, eine Abweichung von den Marktanforderungen, etc.) bereits bei der technischen Festlegung und Freigabe vorlag bzw. prinzipiell erkennbar gewesen wäre. Als Ursache für derartige Änderungen ist von Fehlern im Produktdefinitions- und Entwicklungsprozess auszugehen (fehlerbedingte Änderungen). In einem zweiten Schritt ist anschließend zu hinterfragen, welcher Anteil dieser fehlerbedingten Änderungen durch konkrete Maßnahmen vermeidbar gewesen wäre. Diese Änderungen sind als ursächlich vermeidbar zu betrachten und stellen in der Regel ein bedeutendes Vermeidungspotenzial dar. Abbildung 20 verdeutlicht die diesbezüglich für die Praxis ermittelten Anteile:

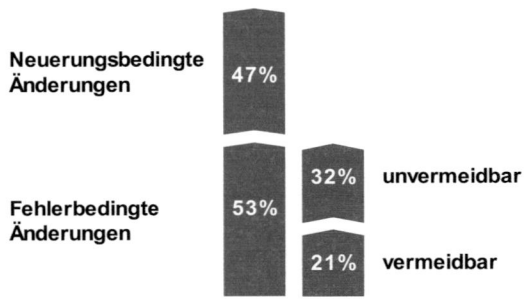

Abbildung 20: Ursachen und Vermeidungspotenzial von Änderungen [Vgl. Wi05; S.52]

Weiterhin werden erforderliche Änderungen häufig erst in späten Phasen der Produktentwicklung erkannt. Diese verursachen besonders hohe Kosten und Zeitverzögerungen. CONRAT quantifiziert diese späten Entscheidungen und kommt in seiner Studie zu dem Ergebnis, dass 40 % der anfallenden Änderungen eines Produktes erst nach Erstellung der Serienwerkzeuge erkannt werden. [Vgl. VC98; S.127]

Zu den Defiziten des Änderungswesens ist gemäß der Studie der Technischen Universität München ferner zu rechnen, dass ein grundsätzlicher Änderungsbedarf zwar erkannt, das konkret zu ändernde Produkt- oder Prozessmerkmal aber zunächst nicht richtig eingegrenzt werden. Eine häufige Ursache ist auch hier in der mangelhaften Informationsweitergabe bezüglich des erkannten Änderungsbedarfs zu sehen. In Folge des unzureichend eingegrenzten Änderungsbedarfs kommt es zu wiederholten, zeit- und kostenintensiven Änderungsschleifen. Vermeintliche Zeiteinsparungen durch schnellere und dezidierte Entscheidungen erweisen sich darüber hinaus häufig als Zeitfresser, falls die Änderungslösungen bei näherer Betrachtung ungelöste technische Fragen aufwerfen oder kritische Nebenwirkungen nicht rechtzeitig erkannt werden. Ketten von zeit- und kostenintensiven Folgeänderungen sind regelmäßig das Ergebnis derartiger vorschneller Lösungsfestlegungen. Zur Bewertung einer Änderung reicht die sorgfältige Prüfung und Verifikation ihrer technischen Machbarkeit als Entscheidungsgrundlage allein nicht aus. Eine Änderung muss zusätzlich immer wirtschaftlich begründet sein. Diesbezüglich zeigen sich in der von CONRAT durchgeführten Praxisstudie besonders häufig Mängel bei der Änderungsentscheidung: Kosten und Nutzen von Änderungen werden nur unzureichend betrachtet oder sind für die Beteiligten (insbesondere den Antragssteller) nicht transparent. Fundierte Wirtschaftlichkeitsbetrachtungen werden nur selten als Voraussetzung für Änderungsentscheidungen verlangt. Die Folge sind zahlreiche sowie bei genauerer Betrachtung als unwirtschaftlich einzustufende Änderungen, weshalb CONRAT diesbezüglich großen Handlungsbedarf konstatiert.

Auch im Bereich der Änderungsabwicklung wurden Mängel diagnostiziert, sowohl bei der eigentlichen Änderungsumsetzung als auch bei deren Organisation, der notwendigen Informationsverteilung oder dem Controlling der Zielerreichung.

Als Ursachen für die resultierenden langen Durchlaufzeiten der Änderungsabwicklung identifizieren die Münchner Forscher ebenfalls mangelhafte Informationsweiterleitung, unklare Verantwortlichkeiten bezüglich der Änderungsdurchführung, starre, nicht nach Prioritäten differenzierte Änderungsabläufe sowie eine unzureichende Terminüberwachung der Durchführung. Nicht zuletzt existieren auch im Bereich des Wissensrückflusses aus Änderungsmanagement entscheidende Defizite.

Sie bestehen zum einen in Bezug auf die systematische Auswertung von Änderungskosten und Änderungsdurchlaufzeiten, die als Basis für eine zuverlässigere Planung nachfolgender Änderungsfälle dienen könnten. Aufgrund einer unvollständigen oder gar fehlenden Dokumentation der notwendigen Daten zu IST-Kosten und -Terminen fehlen jedoch häufig die für eine Auswertung erforderlichen Voraussetzungen.

Zum anderen werden aber auch die Ursachen der angefallenen Änderungen unzureichend analysiert, wodurch wertvolle Hinweise im Hinblick auf die künftige Vermeidung ähnlicher Änderungen ungenutzt bleiben. So untersuchen z. B. nur 25 % der von CONRAT befragten Unternehmen die Ursachen von Änderungen. Dieses Resultat unterstreicht, dass das Änderungsmanagement sich bisher zumeist auf die Verwaltung anfallender Änderungen als auf ein ganzheitliches Management der Änderungsproblematik konzentriert. Die vorangegangene Betrachtung zeigt, dass bisher eine recht beschränkte Sichtweise des Änderungswesens und seiner Teilprozesse vorherrscht [Vgl. VC98; S.33ff], [Vgl. Wi10; S.20ff].

Dementsprechend wird heute zumeist nur ein begrenzter Ausschnitt der bestehenden Defizite im Zusammenhang mit Änderungsprozessen wahrgenommen. Eine ganzheitliche Prozessverbesserung kann auf dieser Basis nicht stattfinden.

5.7 Störeinflüsse im Produktionsanlauf

Der Anlauf eines Produktionssystems ist als komplexes Projekt einer großen Anzahl von Störeinflüssen ausgesetzt. Diese vergrößern entweder den zur Zielerreichung notwendigen Aufwand oder vermindern die Anzahl oder die Produktivität der benötigten Ressourcen. Falls diese Einflüsse oder ihre Auswirkungen auf das Projekt nicht kompensiert werden können, führt dieses zu einer Erhöhung der Projektdauer und der Projektkosten oder zu nicht den Effektivitätszielen entsprechenden Projektergebnissen. Eine Analyse der Situation im Produktionsanlauf muss diese Störeinflüsse berücksichtigen.

Die ermittelten Störeinflüsse können danach kategorisiert werden, ob sie von außen auf den Anlauf wirken oder innerhalb des Projekts selbst entstehen.

5.7.1 Externe Störeinflüsse

Externe Störeinflüsse liegen vor, wenn die am Projekt beteiligten Objekte aufgrund vorgelagerter oder zeitparalleler Prozesse nicht über die zur reibungslosen Umsetzung der Planung relevanten Eigenschaften verfügen. Dieses gilt auch für den Fall, dass die Objekte nicht zu den notwendigen Terminen für das Projekt bereit stehen.

Diese Störeinflüsse resultieren häufig aus Planungs- und Entwicklungsfehlern oder aus nicht vorhersehbaren Produkteigenschaften [Vgl. BHK-P03. S.160ff]. Zusätzlich bestehen Risiken aufgrund höherer Gewalt, die bei der Planung aufgrund der geringen Eintrittswahrscheinlichkeit meist bewusst unberücksichtigt bleiben. Hierzu gehören neben Naturkatastrophen, Streiks, Terroranschlägen und kriegerischen Konflikten auch Konkurse von Anlagenherstellern und Zulieferern [Vgl. HW06; S.44f].

Die externen Störeinflüsse lassen sich jenen Objekten im Anlauf zuordnen, auf deren Eigenschaften das Projekt keinen exklusiven Einfluss hat. Hierzu gehören in Anlehnung an KUHN ET AL. Zulieferteile, Mitarbeiter, Anlagen, Informationen, Flächen und Dienstleistungen [Vgl. KWESW02; S.23f]. Abbildung 21 gliedert typische externe Störeinflüsse nach diesen sechs Objekttypen:

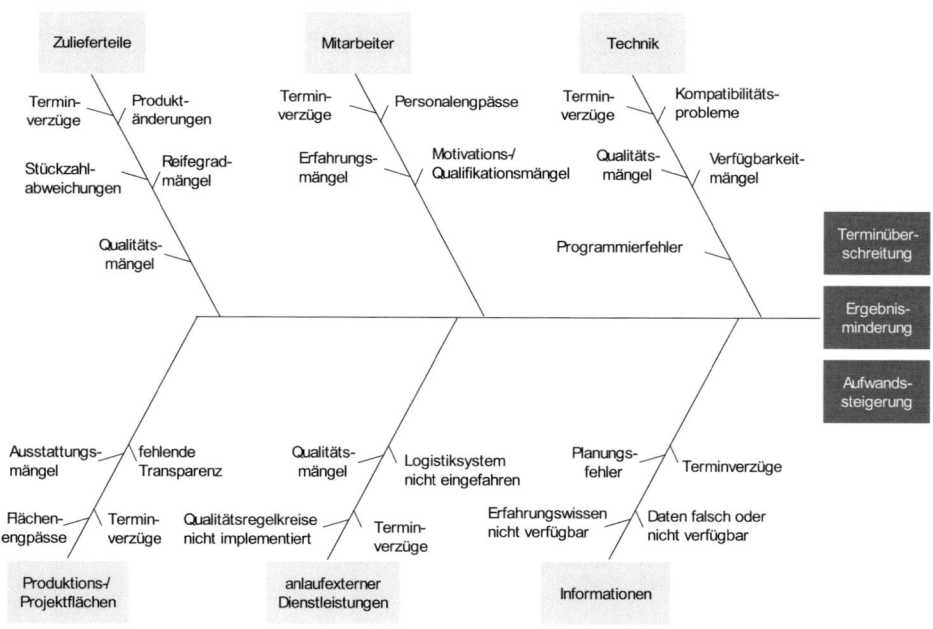

Abbildung 21: Externe Störeinflüsse im Produktionsanlauf [Vgl. KWESW02; S.25]

Störeinflüsse seitens der Zulieferteile

Späte Produktänderungen gelten als einer der wesentlichen Störeinflüsse im Produktionsanlauf. Produktänderungen können sowohl die Zulieferteile des betrachteten Anlaufs als auch die Fertigungs- und Montageprozesse innerhalb des Betrachtungsbereichs betreffen. So kann beispielsweise eine Geometrieänderung der Zulieferteile eine Anpassung der Werkstückaufnahmen auf Werkstückträgern sowie in Bearbeitungsmaschinen und Transportbehältern notwendig machen. Dadurch entstehen einerseits zusätzliche Aufwände, andererseits kann es vermehrt zu Transportschäden bei Verwendung noch nicht angepasster Ladungsträger führen. Wird eine Änderung der am Zulieferteil verwendeten Werkstoffe durchgeführt, müssen im betrachteten Produktionssystem unter Umständen andere Werkzeuge eingesetzt werden.

Ein weiterer Störeinfluss seitens der Zulieferkette ist deren Reifegrad. Besonders während der Vorserie weisen die Zulieferteile häufig noch nicht die geforderten Geometrien und Werkstoffeigenschaften auf. So werden beispielsweise Vorserien-Gussteile häufig in Sandformen hergestellt. Die hierbei entstehenden Verunreinigungen und erhöhte Oberflächenrauhigkeit können zu Problemen während der weiteren Bearbeitung führen [Vgl. WHW02; S.650].

Auch die Serienzulieferteile stellen im Anlauf eine Störungsquelle dar. Häufig verfügen sie noch nicht über die geforderte Qualität. Maßabweichungen führen zu Problemen bei der Bearbeitung und Montage. Materialfehler wie Lunker in Gussteilen erfordern Nacharbeit, die meist nicht vor Ort durchgeführt werden kann. Neben den Nacharbeitskosten entstehen so auch zusätzliche Transportkosten und -zeiten. Weiterhin stehen die Zulieferteile oft zu den geforderten Terminen nicht in der benötigten Stückzahl zur Verfügung. Die Gründe hierfür sind oftmals Informationsdefizite auf Seiten des Zulieferers, die durch eine mangelhafte Kommunikation entlang der Wertschöpfungskette verursacht werden [Vgl. NHW07: S.103f].

Störeinflüsse seitens der Mitarbeiter

Ein wesentlicher Störeinfluss ist die sehr heterogene und teilweise unzureichende Qualifikation von Werkern und Instandhaltern bezüglich der neuen Anlage und dem herzustellenden Produkt. Dieses führt zu Verzögerungen bei Aktivitäten zur Produktrealisierung oder zur Anlagenertüchtigung sowie zu erhöhtem Schulungsbedarf.

Bei nicht gewerblichen Mitarbeitern fehlt häufig Erfahrung mit den Besonderheiten von Anlaufprojekten, was zu Fehlentscheidungen und Planungsfehlern führen kann [Vgl. HLW02; S.509f].

Die Mitarbeiter im Anlaufprojekt stammen in vielen Fällen aus anderen Planungs- und Produktionsabteilungen des Unternehmens. Besteht in diesen Bereichen parallel zu dem betrachteten Anlauf ein ungeplant hoher Personalbedarf, kann sich die Zuweisung zum Anlauf verzögern oder im Umfang vermindern. Die Folge ist eine nicht ausreichende Personalkapazität im Anlauf, die zu Verzögerungen oder Ergebniseinbußen führen kann [Vgl. KWESW02; S.31f]. Derartige Personalengpässe im Projekt können ebenfalls durch Planungsfehler verursacht werden [Vgl. WHW02; S.651f], [Vgl. NHW07; S.103f].

Störeinflüsse seitens der Technik

Technische Störeinflüsse an den Produktionsanlagen haben eine direkte Auswirkung auf die Zielerreichung des Anlaufs [Vgl. SF04; S.276ff]. Sie treten in nahezu allen Anläufen auf und betreffen vor allem die Präparationsphase. Gerade bei der Implementierung einer neuen, komplexen Produktionstechnologie wird während des Anlaufs häufig eine noch nicht ausreichende Prozessreife festgestellt, die sich in ungenügender Produktqualität oder einer bis zu 30 Prozent geringeren technischen Verfügbarkeit der einzelnen Maschinen niederschlägt.

DENKENA, AMMERMANN und KOWALSKI weisen in einer Untersuchung mehrerer Anläufe nach, dass gerade die durch die Maschinensteuerung bedingten Probleme im Anlauf zu überdurchschnittlich langen Stördauern führen [Vgl. DAK06; S.151ff]. Der Aufwand zur Behebung technischer Störungen wird durch die räumliche Trennung zwischen der Anlage und den Entwicklungs- und Expertenteams der Hersteller noch vergrößert [Vgl. WHW02: S.655], [Vgl. NHW07; S.105].

Störeinflüsse seitens der Produktions-, Logistik-, und Projektflächen

Werkzeuge führen zu erhöhtem Suchaufwand und verlängern so beispielsweise die Rüstzeiten. Obwohl derartige Probleme auftreten, kann der Einfluss auf den Anlauf durch die vergleichsweise zeitintensive Bereitstellung und Ertüchtigung einer Produktionsfläche groß sein.

Zu den im Anlauf benötigten Projektflächen gehören Besprechungs- und Büroräume sowie zusätzliche Nacharbeits- und Lagerflächen, welche für den Serienbetrieb nicht geplant sind. Auch hier führen ungenügende Ausstattung, Platzmangel, Unattraktivität und Unübersichtlichkeit zu einer Demotivierung der Mitarbeiter, Kommunikationsdefiziten und zusätzlichem Aufwand.

Störeinflüsse seitens anlaufexterner Dienstleistungen

Zu den Dienstleistungen, die vom Anlaufprojekt unternehmensintern und -extern in Anspruch genommen werden und Störungen bewirken können, zählen vor allem die Logistikleistungen für die benötigten Materialien und Zulieferteile sowie Maßnahmen zur Überprüfung und Bestätigung der Bauteil- und Produktqualität.

Das für den Betrachtungsbereich verantwortliche, innerbetriebliche Logistiksystem bevorratet die zum Anlauf benötigten Materialien, Bauteile und -gruppen. Es bildet somit auch die Schnittstelle zu betriebsexternen Zulieferern und Logistikdienstleistern. Im Gegensatz zu den Maschinen des anlaufenden Produktionssystems kann das Logistiksystem nicht getestet werden. Hierzu wäre eine höhere Mengenleistung über einen längeren Zeitraum nötig, welche aber im Anlauf nicht realisiert werden kann. Daher kommt es im Hochlauf des Logistiksystems parallel zum Anlagenhochlauf häufig zu unvorhergesehenen Störungen und Engpässen.

Die Qualitätssicherung im Anlauf wird häufig dadurch erschwert, dass die Regelkreise der Qualitätssicherung nicht früh genug implementiert werden und so erst spät geordnete Abläufe bestehen. Außerdem kann es zu Engpässen bei den im Allgemeinen begrenzten Kapazitäten wie Messräumen und -geräten kommen, da diese auch von anderen Produktionsbereichen in Anspruch genommen werden. Störungen im Bereich der Qualitätssicherung sind aufgrund der hohen Durchlaufzeiten und der Bedeutung der von ihr gelieferten Informationen besonders gravierend [Vgl. NHW07; S.105f].

Störeinflüsse seitens der Information

Die wesentlichen Störeinflüsse, die mit den dem Anlauf zur Verfügung stehenden Informationen einhergehen, sind während des Anlaufs vorgenommene, aber nicht umfassend oder zu spät kommunizierte Korrekturen sowie mangelhafte Datenqualität und ein erschwerter Zugriff auf die Informationen.

Die Objekt- und Ressourcendaten des Anlaufprojekts beinhalten alle Informationen über Menge und Eigenschaften der Zulieferteile, der Komponenten des Produktionssystems einschließlich der Produktionsmitarbeiter sowie der übrigen Projektressourcen. Das Projektmanagement benötigt diese Daten zur Feinplanung und Entscheidungsfindung. Detaillierte Informationen über die technischen Objekte wie Anlagen- und Softwaredokumentation oder Reparaturanleitungen werden zur Fehlerbehebung benötigt. Sind diese Informationen fehlerhaft oder unvollständig, kommt es zu Fehlentscheidungen und Mehraufwand bei der Problemlösung [Vgl. WHW02; S.653ff].

Die Erfahrung der Projekt- und Produktionsmitarbeiter mit Anläufen, dem Produkt und den verwendeten Ressourcen sind vor allem für die Problemlösung und Entscheidungsfindung bedeutend. Als problematisch erweist sich hierbei, dass die Erfahrungen meist als implizites Wissen in den Köpfen der beteiligten Mitarbeiter vorhanden sind und ein projektinterner Erfahrungsaustausch oder ein Zugriff auf externes Expertenwissen aber nicht strukturiert stattfindet. Selbst wenn ein anlaufspezifisches Wissensmanagement existiert, wird es aufgrund seiner Komplexität und des im Anlauf bestehenden Zeitdrucks selten genutzt und kaum gepflegt [Vgl. HLW02; S.511ff], [Vgl. NHW07; S.106f].

5.7.2 Interne Störeinflüsse

Ein Produktionsanlauf kann wie jedes Projekt in die Projektschritte zur Aufgabenbearbeitung und die übergeordnete Projektsteuerung unterteilt werden. Die Projektschritte kommunizieren sowohl untereinander als auch mit der Steuerung in Form von gerichteten Informationsflüssen. In Anlehnung an diese Abstraktion zeigt Abbildung 22 ein beispielhaftes Projekt sowie mögliche Ursprungsorte von Fehlern:

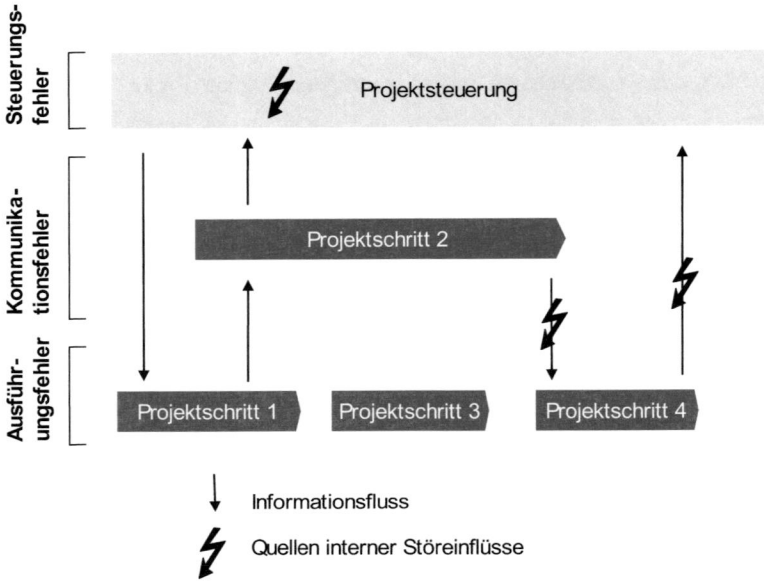

Abbildung 22: Interne Störeinflüsse im Produktionsanlauf [Vgl. K96; S.65]

Die innerhalb des Projekts begangenen Fehler stellen die Quellen der internen Störeinflüsse dar. Sie können danach typisiert werden, ob sie auf die Steuerung der geplanten Projektschritte, auf deren Ausführung oder aber auch die projektinterne Kommunikation zurückzuführen sind [Vgl. NHW07; S.109].

Störeinflüsse seitens der Projektsteuerung

Die Projektsteuerung des Anlaufs hat die Aufgabe, den Fortschritt des Projekts im Sinne des geplanten Ablaufs zu überprüfen und im Falle von Planabweichungen Entscheidungen bezüglich des Vorgehens zur Problemlösung zu treffen. Weiterhin soll sie die Projektbearbeitung durch den Aufbau der Projektorganisation und deren Anpassung an den Projektverlauf unterstützen. Auch der ursprüngliche Projektplan muss bei Bedarf angepasst oder weiter detailliert werden.

Hinsichtlich der Projektorganisation stellen vor allem unklar definierte Verantwortlichkeiten einen häufigen Störeinfluss dar, der zur Verzögerung von Tätigkeiten und Entscheidungen führen kann. Dieses gilt besonders für den Zeitraum gegen Ende des Hochlaufs, wenn die Verantwortung von der Projektleitung auf die Produktionsleitung übergeht. Eine sehr exakte Verantwortungsdefinition kann aber auch zu Abteilungsdenken führen, wodurch die Problemverfolgung häufig an Abteilungs- oder Unternehmensgrenzen endet oder verschoben wird [Vgl. SL02; S.514ff]. Auch bei der Zuweisung von Mitarbeitern zu bestimmten Aufgaben können Störeinflüsse entstehen, wenn die Qualifikation und die Verfügbarkeit der Mitarbeiter nicht angemessen berücksichtigt werden [Vgl. WHW02; S.655].

Störeinflüsse seitens der Projektschritte

Die Tatsache, dass Menschen bei der Bearbeitung von Aufgaben Fehler machen, ist auch bei idealer Vorbereitung und Anleitung nicht zu verhindern und wird daher in gewissem Maße bei der Projektplanung und -steuerung berücksichtigt. Die Situation im Anlauf kann jedoch zu einer unerwartet hohen Fehlerrate führen, da sie die Mitarbeiter besonderem Zeit- und Verantwortungsstress aussetzt und auch die Motivation beeinträchtigen kann. Die entstehenden Fehler können sowohl die Ergebnisqualität als auch die Termintreue der einzelnen Projektschritte und damit die Zielerreichung des Gesamtprojekts beeinflussen [Vgl. DAK06; S.151ff].

Störeinflüsse seitens der projektinternen Kommunikation

Die Kommunikation im Anlaufprojekt besteht aus geplanten und ungeplanten Informationsflüssen. Sie sind entweder das Ergebnis eines direkten Informationsaustausches oder aber einer Informationsbereitstellung in Form einer veröffentlichten Datenbasis.

Der Informationsaustausch im Anlauf ist häufig von Fehlern, Unvollständigkeiten und Verzögerungen geprägt. Gründe hierfür sind unklar definierte Kommunikationsstrukturen und -schnittstellen sowie Unkenntnis über den Informationsbedarf der anderen Projektbeteiligten und das bereits erwähnte Abteilungsdenken [Vgl. WHW02], [Vgl. SL02], [Vgl. HLW02], [Vgl. E09], [Vgl. R03], [Vgl. NHW07], [Vgl. SL02]. Die im Anlauf verwendete Datenbasis weist oft Fehler, Inkonsistenzen und Unvollständigkeiten auf [Vgl. HW06; S.218ff]. Deren Ursache sind unstrukturierte oder dezentrale Datenhaltung, bewusste Geheimhaltung sensibler Daten, mangelhafte Datenpflege sowie Medienbrüche zwischen den verschiedenen EDV-Systemen [Vgl. NHW07; S.109], [Vgl. HLW02; S.511f], [Vgl. DAK06; S.151f]. Diese Störeinflüsse hinsichtlich der Datenkommunikation entlang der Wertschöpfungskette führen häufig zu Mengen- und Terminabweichung der Zulieferteile. Die unzureichende oder nicht verfügbare Zusammenstellung der technischen Anlagendaten erschwert die schnelle Analyse von Nutzungsgradausfällen und die notwendigen Verbesserungsmaßnahmen.

Insgesamt führen die Kommunikationsdefizite zu verminderter Qualität und Termintreue der einzelnen Projektschritte, zu Mehraufwand bei der Datenerfassung und zur Intransparenz von Entscheidungen [Vgl. WHW02; S.654f].

5.8 Hemmnisse der Kompensation von Störeinflüssen

Die innerhalb der Studie „fast ramp-up" befragten Experten waren der Ansicht, dass es nicht möglich sei, die hier beschriebenen Störeinflüsse durch detaillierte Planungsaktivitäten im Vorfeld oder durch technische Innovationen vollständig auszuschließen [Vgl. KWESW02]. Um die Anlaufziele dennoch zu erreichen, muss der Anlauf daher in technischer, organisatorischer und personeller Hinsicht störungsresistent sein. Dieses ist jedoch bislang aufgrund von vier Hauptdefiziten nicht möglich:

Die beteiligten Personen, Abteilungen und Unternehmen konzentrieren sich meist auf ihren Teilbereich, es besteht keine Kenntnis über den bereichsübergreifenden Projektverlauf. Auch innerhalb der Bereiche sind oft nur wenige oder ungenaue Anlaufdaten verfügbar.

Aufgrund mangelhaften Systemverständnisses und fehlender Werkzeuge kann häufig keine strukturierte Analyse der vorhandenen Daten hinsichtlich der Ursachen von erkannten Abweichungen durchgeführt werden.

Der Einfluss von bereits identifizierten Problemen auf den zukünftigen Projektverlauf kann nicht ermittelt werden. Störungen des Projektablaufs werden erst bei ihrem Auftreten erkannt, da keine umfassenden Frühwarnsysteme existieren. Weiterhin fehlen Möglichkeiten zur Bewertung der Wirksamkeit alternativer Maßnahmen, wodurch deren Auswahl und Anpassung an das aktuelle Problem erschwert wird. Das Ergebnis ist eine reaktive Problemlösung anstelle einer proaktiven, auf abgesicherten Maßnahmen basierenden Problemvermeidung.

Die Maßnahmen zur Behebung von Problemen während der Anlaufphase werden häufig auf Basis der Erfahrungen am Projekt beteiligter Mitarbeiter entwickelt. Ein geeignetes Wissensmanagement zur Sammlung und Bereitstellung dieser Kenntnisse für spätere oder parallele Anläufe existiert noch nicht. Dadurch werden Fehler und die mit ihnen verbundenen Problemlösungsprozesse wiederholt.

Das Projektmanagement im Produktionsanlauf soll diese Defizite beheben, so dass die negativen Auswirkungen von Störeinflüssen auf den Anlauf verhindert oder zumindest minimiert werden können. Um diese Aufgabe verlässlich und effizient zu erfüllen, werden anlaufspezifische Methoden und Werkzeuge für das Projektmanagement benötigt [Vgl. FNLWW04; S.29ff].

6 Analyse IST-Situation

Nachdem die vorangegangen Kapitel die theoretische Grundlage der Arbeit legen, erfolgt die Prozessanalyse des Anlauf- und Änderungsmanagement der Porsche AG. Zur Erarbeitung der nachfolgenden Darstellungen werden sowohl Experteninterviews mit Prozessbeteiligten, als auch intensive Studien von Vorgabedokumenten durchgeführt. Im Zuge der IST-Analyse werden mehr als 50 Experteninterviews mit unternehmensinternen Vertretern aus den Ressorts Entwicklung, Produktion & Logistik, Vertrieb und Finanzen durchgeführt. Die Experteninterviews erfolgen im problemzentrierten Interview. Als Interviewleitfaden wird dabei das Schaubild der Prozessanalyse herangezogen, um mit größtmöglicher Neutralität die Wahrnehmung der Interviewten aufzunehmen.

Es sollen im ersten Schritt alle Prozesse im Anlaufmanagement analysiert werden, um dann die Störeinflüsse eines reibungslosen Anlaufmanagements herauszustellen. Abbildung 23 verdeutlicht die Attribute eines Prozesses, die aufgedeckt werden sollen:

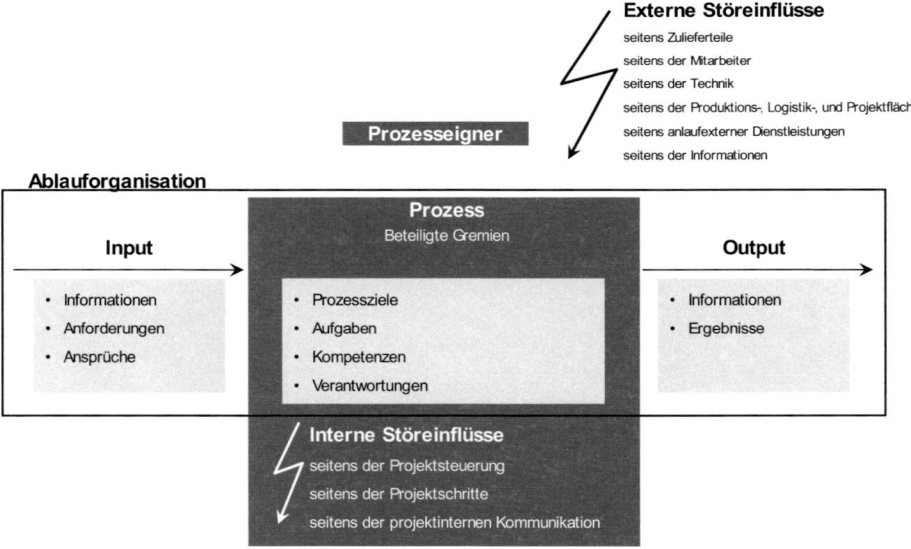

Abbildung 23: Schaubild der Prozessanalyse als Interviewleitfaden

Zu untersuchen sind die Attribute Input, Ouput, Ziel, AKVs, Verkettung von Aktivitäten und Organisationsaspekten anhand der sechs W-Fragen (Wer?, Was?, Wo?, Wann?, Warum?, Wie?) gemäß den Zielen des Prozessmanagements ergründet werden. Jeder Gesprächspartner kann seine subjektive Prozesswahrnehmung der Situation im Anlaufmanagement wiedergeben. Diese auf persönlichen Erfahrungen und Sichtweisen basierende Wahrnehmung soll durch unabhängige Befragung verschiedener Prozessbeteiligter eliminiert werden. Somit ist auch die hohe Anzahl an Interviewpartnern zu erklären.

6.1 Untergliederung Anlaufmanagement

Gemäß der untersuchten Literatur wird das Anlaufmanagement in die Hauptprozesse Anlaufplanung, Teileverfolgung und Änderungsmanagement untergliedert. Der Hauptprozess Teileverfolgung wird für die übersichtliche Prozessanalyse in die weiteren Teilprozesse Teilebeschaffung, Entwicklungsfortschrittsliste, Bemusterung und Aufbau, Audits aufgeteilt. Diese Untergliederung erscheint sinnvoll, da die Teilprozesse unabhängige Ziele und Verantwortlichkeiten aufweisen und getrennt voneinander ablaufen. Abbildung 24 zeigt die gewählte Untergliederung im zeitlichen Bezug des Teilebereitstellungstermins und der Haupt- Informationsflussrichtung:

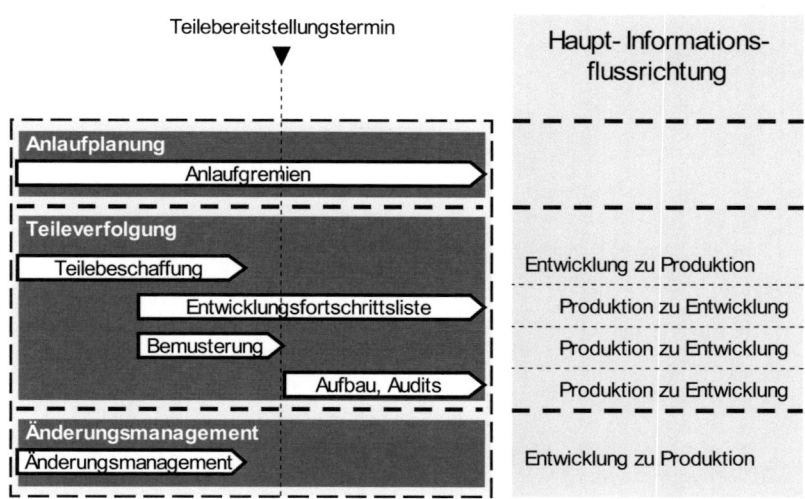

Abbildung 24: Gliederung Teilprozesse Anlaufmanagement

Es kann grob in Prozesse vor und nach Teilebereitstellungstermin (kurz: TBT) unterschieden werden, wobei die Anlaufgremien die Anlaufplanung unabhängig von diesem Zeitpunkt ausführen. Ansonsten sind alle Aktivitäten auf diesen Zeitpunkt ausgerichtet. Zum TBT müssen Bauteile physisch durch den Lieferanten bereitgestellt werden, sodass diese darauf folgend kommissioniert und verbaut werden können. In der Zeit vor TBT müssen zu verbauende Umfänge und aktuelle Teilestände definiert und kommuniziert werden. Somit ist die Haupt- Informationsflussrichtung vor TBT von Entwicklung zu Produktion. Nach TBT beginnt die Produktion mit der Kommissionierung und dem Verbau der angelieferten Bauteile. Zu verbauende Umfänge müssen hierzu im Vorfeld bemustert werden. Beanstandungen aus den Teilprozessen Bemusterung und Aufbau, Audits werden über die Entwicklungsfortschrittsliste von der Produktion in die Entwicklung gemeldet, um Bauteiländerungsbedarfe über das Änderungsmanagement umsetzen zu können.

Abbildung 25 ordnet die gewählte Untergliederung in den zeitlichen Ablauf des PEP ein und erläutert die wahrgenommenen Ziele des Anlaufmanagements.

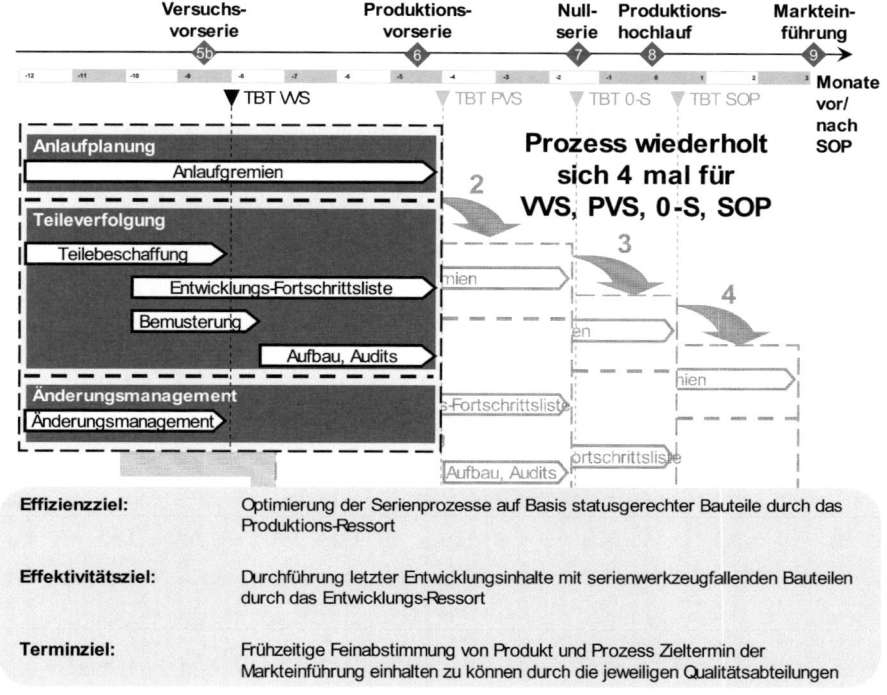

Abbildung 25: Zeitliche Einordnung der Prozesse

Die Zeitleiste trägt die Meilensteine nach Quality-Gates-Systematik, wie sie innerhalb des Unternehmens Anwendung findet. Die zeitliche Abfolge der Prozesse ist beispielhaft um den TBT der Versuchsvorserie (kurz: VVS) dargestellt. Analog wiederholt sich der Ablauf der Untergliederung bezüglich der Produktionsvorserie (kurz: PVS), der Nullserie (kurz: o-S) und dem Produktionshochlauf (kurz: SOP) zu jeweils späteren TBTs.

Ca. drei Monate vor Q-Gate 5b, dem Start der VVS beginnt das Anlaufmanagement mit den ersten tagenden Gremienrunden. Die Gesamtverantwortung bezüglich des Anlaufmanagements liegt bei der jeweiligen Baureihe, die werkabhängig einen Anlaufmanager installiert. Dieser entstammt für die Baureihen Carrera und Boxster dem Ressort Produktion und für die Baureihen Cayenne und Panamera der Abteilung Unternehmensqualität Leipzig. Der Anlaufmanager steuert die Anlaufplanung über die Gremien und eskaliert Probleme an den Baureihenleiter. Dieser wiederum kann schwerwiegende Probleme in den Vorstand weiter tragen. Der Anlaufmanager koordiniert über die anlaufspezifischen Arbeits- und Steuergremien die Anlaufplanung und sichert so den Austausch relevanter Daten unter den anlaufbeteiligten Abteilungen. Zeitgleich mit den Gremien startet die Teileverfolgung mit der Teilebeschaffung.

Aufgabe der Teileverfolgung ist die Definition der zu verbauenden Umfänge sowie die kontinuierliche Statusverfolgung der über 9000 Bauteile je Fahrzeug (alle Derivate, ohne Farbkombinationen), von denen ca. 40 % mit eigens angefertigten Werkzeugen hergestellt werden.

Sobald Bauteile aus Serienwerkzeugen hergestellt werden, können sie bemustert werden, um die Bauteilqualität im Vorfeld des Verbaus im Fahrzeug zu gewährleisten. Zum TBT müssen alle zu verbauenden Kaufteile angeliefert werden. Diese können im Anschluss gemeinsam mit den Eigenfertigungsteilen kommissioniert werden, so dass der Aufbau der Fahrzeuge ca. zwei Wochen nach TBT mit der Rohbauherstellung starten kann. Parallel zum Aufbau werden die Aufbaustände der Fahrzeuge in Abschnittsaudits bezüglich Fahrzeugqualität vor Kunden auditiert.

Beanstandungen aus Bemusterung und Audit, die eine Bauteiländerung bedingen, werden über die Entwicklungsfortschrittsliste zu diesem Zweck an den Bauteilverantwortlichen (kurz: BTV) adressiert. Dieser nutzt dann das Änderungsmanagement zur Koordination und Einsteuerung der Änderung.

Das Änderungsmanagement überlagert die gesamte Teilebeschaffung bis zum jeweiligen TBT. So lange ein Bauteil physisch noch nicht im Lager vorliegt, kann es noch durch das Änderungsmanagement ausgetauscht werden.

Im Änderungsmanagement müssen in den Vorserien monatlich ca. 320 Änderungsanträge koordiniert werden, die projektspezifisch eine Material-Einkaufs-Kosten-Erhöhung (kurz: MEK-Delta) in Höhe von ca. €600 je Fahrzeug und Einmalinvestitionen in Höhe von ca. €50 Millionen zur Folge haben. Die identifizierte Anzahl der Änderungsanträge und die Höhe der Kostenauswirkungen entsprechen den in der Literatur vorzufindenden Werten.

Erfolgt eine Änderung zu kurz vor (bauteilspezifisch ca. 14 Tage) oder nach TBT, so muss entweder das Fahrzeug in der Nacharbeitszone aufwendig umgerüstet werden, oder es kann erst der folgende TBT mit geänderten Bauteilen versorgt werden.

Bezüglich der Ziele in den Vorserien liegen unterschiedliche Interessen vor. Während das Produktions-Ressort interessiert ist, Serienprozesse der Produktion, Fertigung und Logistik zu optimieren und eine möglichst kostengünstige Produktion der späteren Serienfahrzeuge zu ermöglichen, ist es Interesse des Entwicklungs-Ressorts Entwicklungszeiten zu verkürzen und darum letzte Entwicklungsinhalte in den Vorserien durchzuführen. Um die geplante Markteinführung nicht zu gefährden, muss trotz sich stetig ändernder Prozesse und Bauteile die Qualität des fertig montierten Fahrzeugs gemäß Vorgabe stetig gesteigert werden.

6.2 Anlaufgremien

Alle Projekte innerhalb der Porsche AG werden über Gremien geplant und gesteuert. Dabei ist jedes Gremium mit genau definierten Aufgaben, Kompetenzen und Verantwortungen bezüglich des zu bearbeitenden Umfangs ausgestattet. Eine genaue Aufstellung der AKVs bezüglich der relevanten Anlaufgremien findet sich im Anhang 9.2.

Die unterste Stufe der Projektorganisation bilden die Arbeitsgremien. Darüber sind die Eskalations- oder Steuergremien angesiedelt. Aus den Arbeitsgremien werden die Steuergremien bezüglich Problemen und Abarbeitung der Arbeitsinhalte unterrichtet. Abbildung 26 zeigt die Zugehörigkeit der Anlaufgremien zu den gewählten Untergliederungen und in Pfeildarstellung die Informationsweitergabe unter den Gremien:

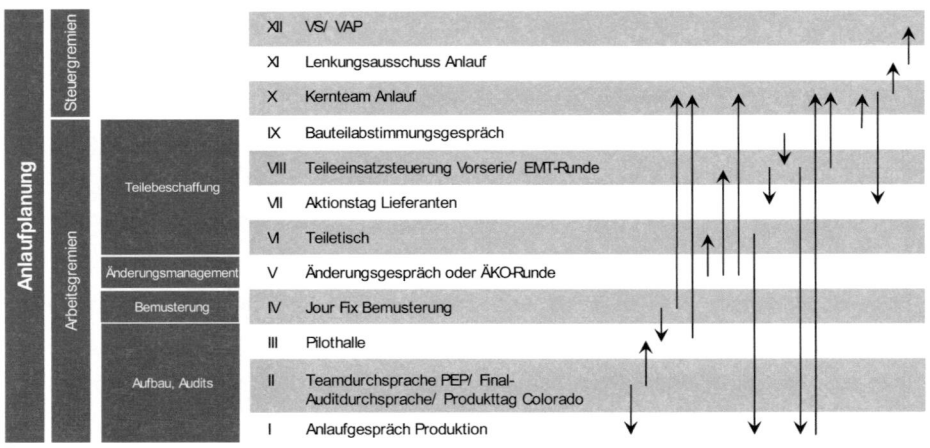

Abbildung 26: Anlaufgremien und deren Kommunikationsstruktur

Ergänzend zu den aufgeführten Gremien ist das Simultaneous Engineering Team zu nennen, mit dem Ziel der Umsetzung und Steuerung definierter Entwicklungsumfänge. Dabei ist das Team konzeptionell und konstruktiv für die Gestaltung mehrerer Bauteile unter Berücksichtigung der Kunden- und Qualitätsanforderungen bis zur Serienreife verantwortlich. Das SE-Team ist abteilungsübergreifend besetzt und Ansprechpartner bezüglich aller Bauteilangelegenheiten für die Arbeits- und Steuergremien.

Arbeitsgremien

I. Anlaufgespräch Produktion

Ab Start PVS wird eine regelmäßige und direkte Abstimmung der beteiligten Produktionsbereiche durchgeführt, d. h. Informationen bzgl. Problempunkten in der Produktion und Abstimmung von Maßnahmen (ggf. bereichsübergreifend) mit dem Ziel einer zeitnahen Umsetzung werden in diesem Gremium getroffen.

II. Teamdurchsprache PEP oder Final-Auditdurchsprache oder Produkttag Colorado

Die Fertigungsbereiche (genannt Cost Center, kurz: CC) führen in Eigenverantwortung Abschnittsaudits durch und stellen die Ergebnisse des jeweils am Vortag auditierten Fahrzeugs den Baureihenvertretern und, sofern eingeladen, den Entwicklungsverantwortlichen im Rahmen des Gremiums vor. In Zuffenhausen nennt sich diese Auditvorstellung Teamdurchsprache PEP, wohingegen der in Leipzig gebrauchte Begriff Final-Auditdurchsprache lautet. Durch die Kooperation mit Volkswagen nennt sich das Gremium in Bratislava Produkttag Colorado. In diesen Gremien werden Maßnahmen zur Problembeseitigung, ggf. unter Teilnahme der Entwicklungsvertreter abgestimmt.

III. Pilothalle

Im Pilothallengespräch wird den Ressort-Vorständen (hier E, F, P), den Hauptabteilungs-, den Baureihen- und den Abteilungsleitern der aktuelle Projektstand vorgetragen. Es erfolgt anhand der Bauteile eine Durchsprache des zu verbauenden Umfangs.

IV. Jour Fix Bemusterung

Im Jour Fix Bemusterung wird die Einhaltung der Freigabe- und Bemusterungstermine auf Bauteileebene gemäß Eckterminplan und der Bemusterungsstatus gemäß Q-Gate-Planung verfolgt.

V. Änderungsgespräch oder ÄKO-Runde

Ziel des Änderungsgesprächs ist, geplante Änderungen durch Änderungsanträge ressortübergreifend zu genehmigen. Der Änderungsantrag wird dabei im Vorfeld durch den Bauteilverantwortlichen gestellt und durch Fachbereiche bezüglich Kosten, Einsatztemin und Auswirkung auf das Produktionssystem bewertet. Der genehmigte Änderungsantrag kann dann in den Vorserien durch das Gremium Teileeinsatzsteuerung Vorserie zum abgestimmten Einsatz im Fahrzeug gebracht werden. In der Baureihe Cayenne nennt sich das Gremium ÄKO-Runde (kurz für Änderungskontroll-Runde). Die Teileeinsatzsteuerung übernimmt dann die EMT-Runde.

VI. Teiletisch

Mit der Bauteilabnahme im Gremium Teiletisch soll sichergestellt werden, dass der aktuell freigegebene Teilestand im Fahrzeug verbaut wird. Dabei werden die physisch vorhandenen Bauteile mit dem Freigabestand in den Stücklisten verglichen und bei Nichtübereinstimmung Bauabweichungen beantragt.

VII. Aktionstag Lieferanten

Im Aktionstag Lieferanten stellen die jeweiligen eingeladenen Lieferanten ihren aktuellen Status bezogen auf Bemusterung und Teileversorgung dem Baureihenleiter, den Hauptabteilungsleitern und dem Anlaufmanager vor. Das Gremium wird genutzt, um frühzeitig Abhilfemaßnahmen bei kritischen Bauteilen bezüglich Bemusterung und Reifegradfortschritt einzuleiten.

VIII. Teileeinsatzsteuerung Vorserien (kurz: TEV) oder Erstmuster-Termin-Runde (kurz: EMT-Runde)

In diesem Gremium werden Änderungsanträge und kritische Bauteile bezüglich Freigabestand verfolgt. Änderungsanträge werden durch das TEV in Zuffenhausen nach erfolgter Genehmigung bezüglich Einsatztermin gesteuert. Das Gremium nennt sich in Leipzig EMT-Runde

IX. Bauteilabstimmung Vorserie (kurz: BAG)

Die Teileversorgung für die jeweilige Vorserie wird im Bauteilabstimmungsgespräch Vorserie abgestimmt. Abhängig von der Freigabesituation jedes Bauteils wird in diesem Gremium geklärt, welche Bauteile zum Teilebereitstellungstermin gemäß Prototypen- oder Serienablauf beschafft werden. Die Abteilung Produktionsvorbereitung organisiert das BAG und beauftragt die Dispositionsabteilungen der Produktion oder Entwicklung mit der Bauteilbeschaffung.

Eskalationsgremien

X. Kernteam Anlauf

Das Kernteam Anlauf ist das erste Eskalationsgremium bei Problemen im Fahrzeuganlauf. In das Kernteam werden Probleme aller Arbeitsgremien eskaliert, die nicht zeitnah zur Abstellung gebracht werden können.

XI. Lenkungsausschuss Anlauf

Der Lenkungsausschuss Anlauf ist das zweite Eskalationsgremium bei Problempunkten, die der Aufmerksamkeit der Hauptabteilungsleiter bedürfen.

XII. Vorstandsausschuss Produkte (kurz: VAP)

Können Probleme im Lenkungsausschuss Anlauf aufgrund finanzieller oder technischer Auswirkungen nicht zur Entscheidung gebracht werden, eskaliert man diese in den VAP.

6.2.1 Externe Störeinflüsse

Seitens der Zulieferteile

Nach Analyse der Gremiensituation kann als Störeinfluss eines reibungslosen Anlaufmanagements vor allem die Kenntnis des aktuellen Kaufteilstatus festgehalten werden. Es herrscht bezüglich der Freigabesituation und Fertigungsfortschritt beim Lieferanten große Unkenntnis. Kritische Bauteilumfänge müssen ständig manuell abgefragt und berichtet werden.

Seitens der Mitarbeiter

Die Kommunikation innerhalb des Anlaufmanagements beruht im Grunde darauf, in Gremien über Problempunkte zu berichten. Somit ist eine ständige Anwesenheit und aufmerksame Verfolgung der Gremienagenda notwendig, um alle Informationen zu erhalten. Sofern Mitarbeiter verhindert sein sollten oder eine anderweitige Beteiligung am Gremium nicht möglich ist, kann es dazu führen, dass Probleme nicht oder zu spät ihrer Lösung zugeführt werden.

Seitens der Technik

Im Prozess nicht festgestellt.

Seitens der Flächen

Im Prozess nicht festgestellt.

Seitens anlaufexterner Dienstleistungen

Im Prozess nicht festgestellt.

Seitens der Informationen

Bezüglich der Weiterverwendung von Informationen herrscht eine Unkenntnis sowohl innerhalb, als auch über die Abteilungsgrenzen hinweg. Es kann oft nicht klar identifiziert werden, in welchem Ausmaß Informationen benötigt werden. Darüber hinaus werden Zugänge zu IT-Systemen stark reglementiert und beschränkt, so dass Informationsaustausch nicht ungehindert erfolgen kann. Aufgrund dessen muss die maßgebliche Abstimmungsarbeit in Gremien erfolgen.

6.2.2 Interne Störeinflüsse

Seitens der Projektsteuerung

Auffallend im Prozess ist die häufige Behandlung gleicher Themen in unterschiedlichen Gremien. So fragen viele Gremien gleiche Informationen in unterschiedlicher, maschinell nicht übertragbarer Form ab. Des weiteren ist die persönliche Teilnahme an Gremien aufgrund der Entfernung des Fertigungsstandortes Leipzig zum Großraum Stuttgart bezüglich der Baureihen Cayenne und Panamera mit hohem Aufwand verbunden. Die Möglichkeit der Video-Konferenz wird dabei nicht voll ausgeschöpft.

Seitens der Projektschritte

Durch mangelnde Informationen sind häufige Abstimmungsschleifen notwendig, die Prozessschritte verlangsamen oder verzögern. Durch die Bereitstellung aktueller Daten und den einfachen Zugang zu diesen können Abstimmungsrunden reduziert werden.

Seitens der Kommunikation

Aufgrund unterschiedlicher Datenbasen zwischen den Ressorts oder Abteilungen kann eine projektinterne Kommunikation nur erschwert erfolgen. Während Beanstandungen auf Fehler-Einheiten-Schlüssel oder gar Fugen-Nummern erfolgen, können diese einem Bauteilverantwortlichen nur auf Bauteilebene über die Sachnummer zugeteilt werden. Somit sprechen Entwickler und Produktioner nicht immer die gleiche Sprache bezüglich eines Problems.

6.3 Teilebeschaffung

Aufgabe der Teilebeschaffung ist die Definition und Bereitstellung fahrzeugspezifischer Kaufteile zum jeweiligen Teilebereitstellungstermin, so dass ein planmäßiger Aufbau gemäß Anlaufkurve erfolgen kann. Die Teilebeschaffung ist als Unterprozess der Teileverfolgung zu sehen.

Prozessverantwortlich für die Teilebeschaffung in den Vorserien ist die Abteilung Produktionsvorbereitung. In Zusammenarbeit mit der Abteilung Seriendisposition organisiert sie die Teilebeschaffung. Abbildung 27 veranschaulicht die Prozesseigenschaften:

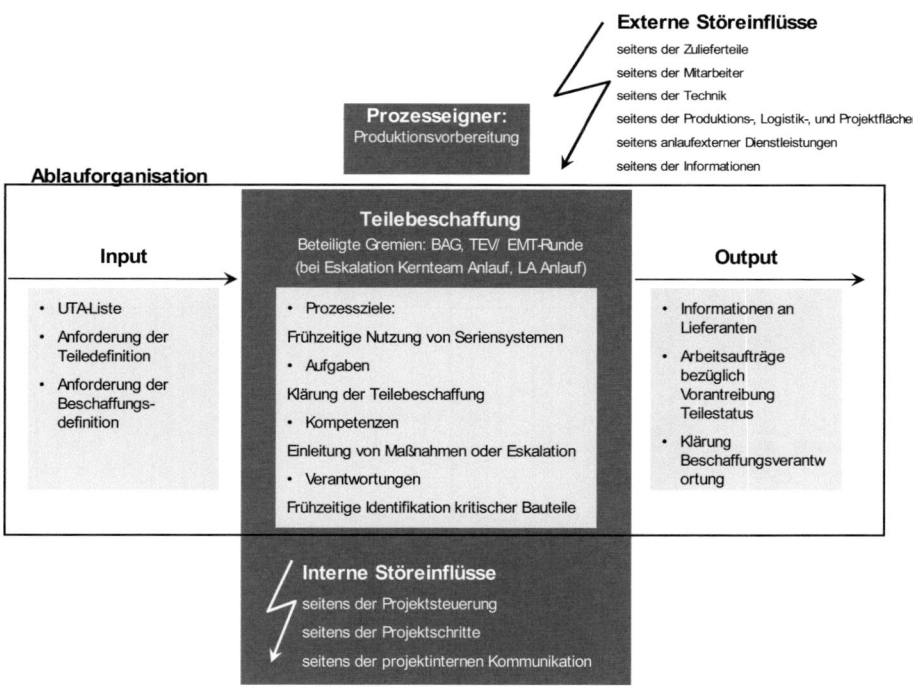

Abbildung 27: Prozessübersicht Teilebeschaffung

6.3.1 Ablauforganisation

Ausgangspunkt der Teilebeschaffung ist die Teiledefinition des zu beschaffenden Umfangs. Im Entwicklungsprozess werden Bauteile kontinuierlich weiterentwickelt, wobei sich dieser Prozess über den gesamten Bauteillebenslauf erstreckt. Um den Aufbau von Fahrzeugen anhand aktuell gültiger Teilestände zu ermöglichen, muss bezüglich TBT der aktuell gültige Bauteilstand von veralteten unterschieden werden. Die Weiterentwicklung des Bauteilstands wird durch den BTV über Verändern des neunstelligen Bauteilindexes dokumentiert. Alternativ kann auch der dem Bauteilindex angehängte dreistellige Änderungsstand hochgezählt werden. In beiden Fällen ist eine erneute Freigabe durch den BTV erforderlich. Die Definition des zu verbauenden Kaufteils erfolgt anhand der zuletzt erteilten Freigabe. Abbildung 28 zeigt schematisch den Prozess der Teiledefinition:

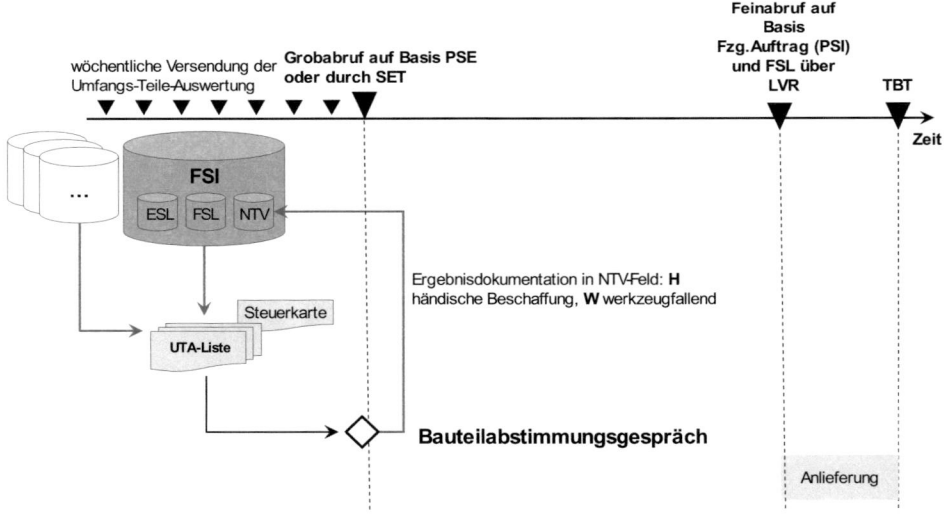

Abbildung 28: Ablauf der Teiledefinition

Ausgehend vom Teilebereitstellungstermin der jeweiligen Vorserie müssen Lieferanten je nach Bauteil fünf bis sieben Tage im Voraus über einen Feinabruf des Anlieferumfangs informiert werden. Der Feinabruf erfolgt auf Grundlage der zu verbauenden Teile bezüglich Abrufzeitraum, unter Aufschlüsselung der Bauteile gemäß

Fahrzeugauftrag über die aktuell gültige Stückliste der Fertigung (Fertigungsstückliste, kurz: FSL). Der Abruf wird systemseitig durch den Lagerverwaltungsrechner (kurz: LVR) vorgenommen. Der Zeitraum zwischen Feinabruf und TBT dient der Anlieferung der Bauteile. Zwölf Wochen vor Teilebereitstellungstermin werden alle Lieferanten grob über den ungefähren Umfang der in Zukunft zu fertigenden Teile und deren TBT zwecks Fertigungsplanung informiert. Lieferanten erhalten Informationen für Bauteile, die bereits in den Systemen der Seriendisposition angelegt sind (Serienbauteile), aus dem PSE. Da zu diesem frühen Zeitpunkt noch kein Fahrzeugauftrag vorliegt, kann lediglich ein ungefährer Wert über die benötigten Teile auf Basis der Anlaufkurve erfolgen.

Bauteile ohne Freigabe 2E3 müssen durch die SE-Teams beim Lieferanten grob abgerufen werden (Prototypenbauteile). Die Nachverfolgung dieser kritischen Bauteile übernimmt das Gremium Teileeinsatzsteuerung Vorserie.

Im Vorfeld des Grobabrufs wird eine Umfangs-Teile-Auswertung (kurz: UTA-Liste) manuell aus allen informationsführenden Systemen generiert und wöchentlich an alle Beteiligten versendet. In Steuerkarten ist dabei hinterlegt, nach welchen Kriterien die Systeme gefiltert werden sollen.

In der UTA-Liste werden neben dem Freigaben-Stücklisten-Informationssystem (kurz: FSI), in dem alle Bauteile mit ihrer Freigabe verwaltet werden, auch verschiedene produktionsseitige Systeme ausgewertet, um fahrzeugspezifisch Bauteile mit der Kennzeichnung Kaufteil, Lieferantenteil, oder Eigenfertigungsteil zu erhalten.

Eigenfertigungsteile sind bezüglich der Teilebeschaffung ebenso wie Lieferantenteile zu vernachlässigen. Lediglich Kaufteile sind beschaffungs- und bemusterungsrelevant. Die Bezeichnung Lieferantenteil und Kaufteil ist so zu verstehen, dass Lieferantenteile vom Lieferanten selbst bezogen und im Zusammenbau an Porsche als Kaufteil geliefert werden.

Zweck der UTA-Auswertung ist die Darstellung aller zu beschaffenden Kaufteile (Teiledefinition) mit ihrem momentanen Freigabe- und Stücklistenstatus. Mit Hilfe der UTA-Liste klärt die Abteilung Produktionsvorbereitung mit der Beschaffungsabteilung der Entwicklung und der Seriendisposition im Bauteilabstimmungsgespräch (kurz: BAG), welche Bauteilumfänge über Serienlogistikprozesse und welche über Entwicklungskanäle gemäß Prototypenablauf beschafft werden müssen. Die Ergebnisdokumentation findet in der Neuteile-Verfolgungs-Feld (kurz: NTV-Feld) im FSI statt. Der Buchstabe W (werkzeugfallend) steht dabei für die Beschaffung über Seriendisposition und der Buchstabe H (händisch) für die manuelle Beschaffung durch die Beschaffungsabteilung der Entwicklung. Der Grobabruf erfolgt nach BAG. Abbildung 29 veranschaulicht die Inhalte:

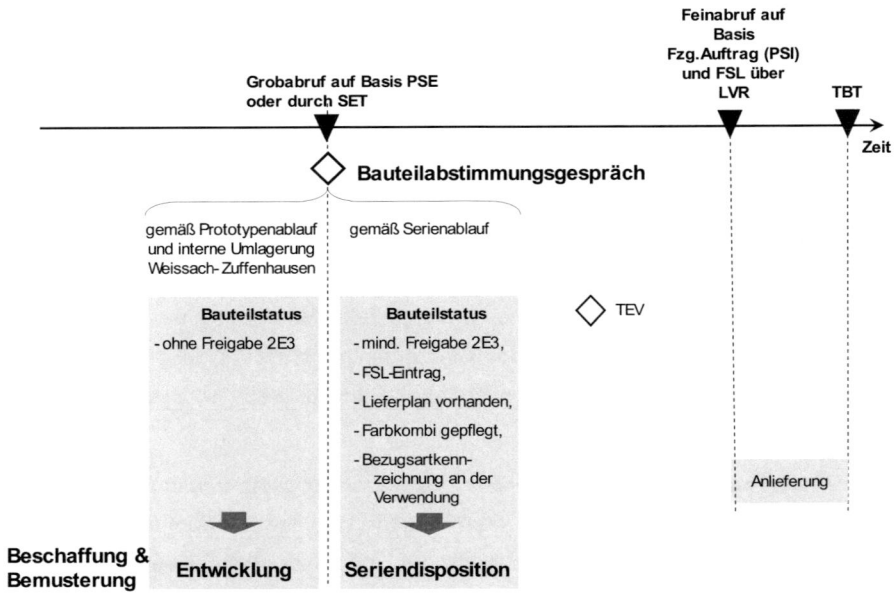

Abbildung 29: Ziel des Bauteilabstimmungsgesprächs

Ausschlag gebend für die Entscheidung des Beschaffungskanals ist der Reifegrad der entsprechenden Bauteile. Um die Vorzüge der Serienlogistikprozesse nutzen zu können, sind systemische Voraussetzungen notwendig. Im FSI werden Bauteile mit ihren Freigaben verwaltet und darüber hinaus in der Entwicklungsstückliste (kurz: ESL) und der Fertigungsstückliste bereitgestellt. Während der Entwicklungsphase werden alle Bauteile, die der Kunde später im Fahrzeug konfigurieren kann, in der ESL angelegt und gepflegt. Mit Beendigung der momentanen Bauteilentwicklung wird durch den BTV die Freigabe 2E3 oder 2U erteilt. Ab dieser Freigabe können Bauteile nur noch über das Änderungsmanagement geändert werden.

Abbildung 30 zeigt den Ablauf der Erfüllung von Voraussetzungen, um Bauteile über Serienlogistikprozesse beziehen zu können:

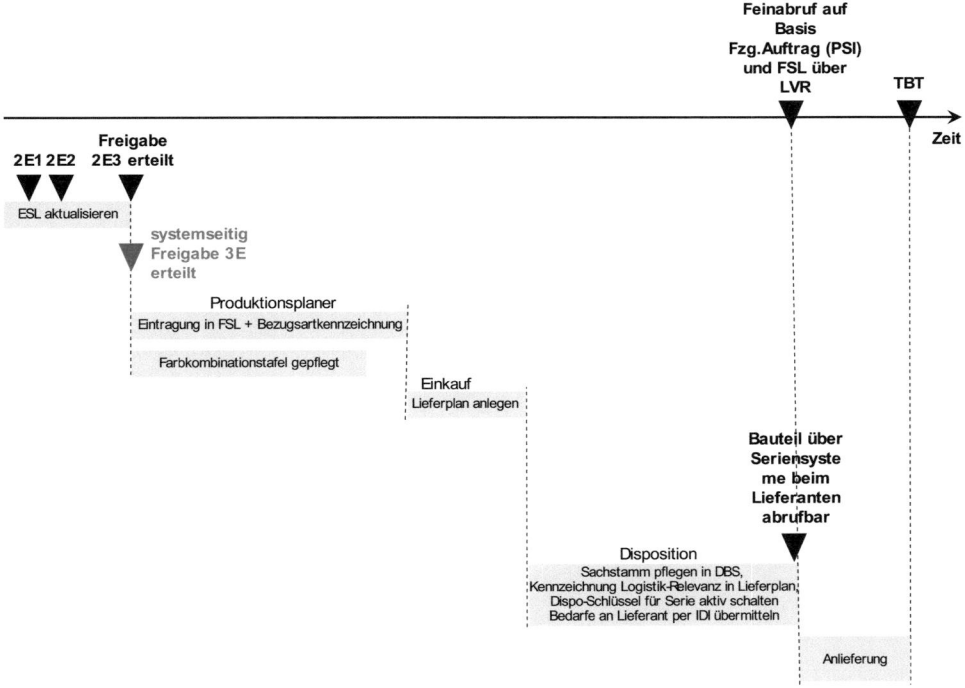

Abbildung 30: Voraussetzung zur Nutzung der Serienlogistiksysteme

Ausgehend vom TBT müssen die Voraussetzungen zur Nutzung der Seriensysteme zum Feinabruf erfüllt sein. Hierzu muss die Disposition im Vorfeld den Sachstamm pflegen und die Logistik-Relevanz im Lieferplan kennzeichnen. Danach kann der Dispo-Schlüssel für die Serienbeschaffung aktiv geschaltet werden. Im Vorfeld dazu ist der Lieferplan durch den Einkäufer anzulegen. Dieser wiederum benötigt die Eintragung des Bauteils in der FSL und Bezugsartkennzeichnung: „Kaufteil" an der Verwendung sowie die gepflegte Farbkombinationstafel.

Die Produktions- oder Fertigungsplaner erhalten elektronisch die Freigabe 2E3 oder 2U durch die Entwicklung und können dann ihrerseits aus der ESL oder anhand der Freigabe die FSL erstellen.

Die ESL unterscheidet sich maßgeblich durch den unterschiedlichen Aufbau von der FSL, die Bauteilumfänge sind identisch. Während die ESL nach KEFAG-Struktur, gemäß Aufbauorganisation des Ressorts Entwicklung aufgebaut ist, liegt der FSL ein Aufbau nach Fertigungsschritten, also den Cost Centern zu Grunde.

Sollten diese Voraussetzungen nicht erfüllt sein, so können die Serienprozesse nicht ablaufen. Ohne FSL- Eintrag legt der Einkäufer keinen Lieferplan an. Ohne Liefer-plan ist kein genaues Bauteilvolumen oder Anlieferplatz mit dem Lieferanten festegelegt.

Da die Entwicklungsabteilungen generell mit Erteilung der Freigabe 2E3 ihre Aufgabe als erledigt ansehen, kommt es zu Konflikten der Beschaffung in Grenzfällen. Deshalb erfolgt in dem Gremium Bauteilabstimmungsgespräch eine Abstimmung über die Beschaffung von Bauteilen. Sofern ein Bauteil über die notwendige Freigabe verfügt, aber weitere Attribute der Seriendisposition nicht erfüllt sind, bedarf es einer Abstimmung dieser Fälle.

Hierzu erhalten die verantwortlichen Personen Arbeitsaufträge zur Abarbeitung.

6.3.2 Externe Störeinflüsse

Seitens Zulieferteile

Bezüglich kritischer Teile ist hoher manueller Aufwand zur Nachverfolgung und Berichterstattung notwendig, da für diesen Prozess die Standardkommunikationswege der Serienbauteilbeschaffung nicht angewendet werden können. Innerhalb des SETs muss die Teileverfolgung geregelt und gesteuert werden.

Seitens der Mitarbeiter

Die manuelle Erstellung der UTA-Liste, die Abstimmung im BAG und ggf. die manuelle Beschaffung sind zeitaufwändig und binden die Kapazität von Mitarbeitern über einen längeren Zeitraum. Die Berichterstattung in den Gremien bezüglich aktueller

Stand und kritische Bauteile erfordern darüber hinaus hohen personellen Aufwand, der in der Anlaufphase nicht immer geleistet werden kann.

Seitens der Technik

Aufgrund der fehlenden allumfassenden Datenbasis wird die umständliche Auswertung der UTA-Liste über alle Systeme erst notwendig. Sofern alle Bauteile in unterschiedlichen Systemen verwaltet werden, bleibt im Prozess nur die Möglichkeit, alle Bauteile manuell in einer Liste zu vereinen, um diese übersichtlich verwalten zu können.

Seitens der Flächen

Bauteile, die nicht über die Serienprozesse abgerufen werden können, müssen durch die zuständige Entwicklungsabteilung beschafft werden. Da keine Kommissionierflächen über den Lieferplan angelegt sind, werden die Bauteile im Entwicklungszentrum angeliefert. Diese müssen dann von Weissach in das betreffende Werk umgelagert und dort ohne Systemunterstützung kommissioniert werden. Hierfür sind zusätzliche Kommissionierflächen erforderlich, die gerade im Hinblick auf späte Freigaben, viele späte Änderungen und eine hohe Quote von Prototypenteilen in den Vorserien nicht zur Verfügung stehen.

Seitens anlaufexterner Dienstleistungen

Bei Prototypenbeschaffung leisten Bauteile keinen Beitrag, den Logistikprozess bezüglich Leistungsfähigkeit zu testen. Aufgrund hoher Quote an Prototypenteilen ist somit eine Abschätzung der Serienfähigkeit des Logistiksystems in den Vorserien nicht möglich und kann das Auftreten von Fehlern bis in die Serienfertigung verzögern.

Seitens der Informationen

Da die unterschiedlichen Bereiche in der Entwicklung in Weissach, der Produktion in Zuffenhausen und der Produktion in Leipzig bezüglich Bauteileplanung unterschiedliche Computersysteme verwenden, die keine automatisierte Schnittstelle besitzen, können Bauteile nur mit großem Aufwand nachverfolgt werden.

Im Anlauf befindet man sich im Übergang von PEP zu KKP und damit zusammenhängend gehen Bauteile aus der Entwicklungsverantwortung in die Serienbetreuung über, was eine genaue Bauteilverfolgung schwierig macht. Wie Abbildung 31 zeigt, erfolgt der Verantwortungsübergang zwischen den einzelnen Abteilungen zu unterschiedlichen Zeitpunkten oder auch bauteilspezifisch. Je nach Baureihe unterscheiden sich die Verantwortungen bezüglich Abteilungen dann nochmals.

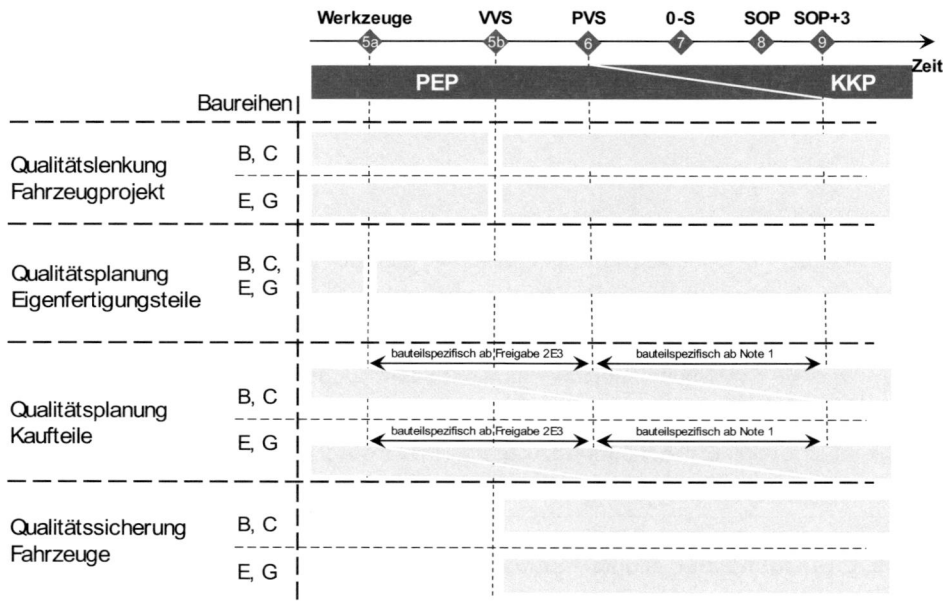

Abbildung 31: Verantwortungsübergänge der Qualitätslenkung und Qualitätssicherung zwischen PEP und KKP in den einzelnen Abteilungen

Somit ist eine Weitergabe von Informationen aufgrund der Vielzahl an Schnittstellen aufgrund der unterschiedlichen IT-Systeme mit hohem manuellen Aufwand verbunden. Häufig werden vorhandene Informationen nicht weiter verwendet, sondern gänzlich neu erzeugt.

6.3.3 Interne Störeinflüsse

Seitens der Projektsteuerung

Bezüglich Projektsteuerung kann das bereits genannte Problem der redundanten Gremien genannt werden. Der kritische Teilestand ist Thema in unterschiedlichen Anlaufrunden und muss dazu immer aktuell berichtet werden. Generell wird in der Teilebeschaffung der Vorserien hoher manueller Aufwand aufgrund der Projektsteuerung erforderlich. Bezüglich des Vorgehens bei der Volkswagen AG kann eine deutliche Optimierungsmöglichkeit aufgezeigt werden. Es werden im Falle von verspäteten Freigaben Bauabweichungen auf Einzelteilebene erteilt, sodass Seriensysteme genutzt werden können und eine Prototypenbeschaffung nur in Härtefällen erforderlich ist.

Seitens der Projektschritte

Die unterschiedlichen Übergänge in der Verantwortung gemäß Abbildung 31 machen ein einfaches Prozessverständnis schwierig. Somit ist es Prozessbeteiligten im Rahmen der ihnen zur Verfügung stehenden Zeit nur bedingt möglich, zu identifizieren, was außerhalb ihres Aufgabenbereichs an Vorgängen abläuft und an Informationen benötigt wird. Probleme und Ineffizienzen aus mangelndem Prozessverständnis sind somit zu beobachten.

Seitens der Kommunikation

Im Prozess herrscht Unkenntnis über Informationsbedarf in den beteiligten Abteilungen. Informationen werden teils in, für den nachfolgenden Prozess nicht zu verwertbaren, Systemen oder Listen weitergegeben. Nach Abzug der Daten durch die UTA-Liste erfolgt keine Anreicherung der Ausgangssysteme mit neuen Erkenntnissen der Prozesse. Informationen die zwar vorhanden sind, stehen deshalb nicht allen Prozessbeteiligten zur Verfügung.

Aufgrund der unterschiedlichen Datenbasen und dem reglementierten Zugriff fällt es darüber hinaus schwer, vorhandenes Wissen zu teilen.

6.4 Entwicklungsfortschrittsliste

Um im Serienanlauf die Vielzahl der auftretenden Probleme, die sich aus Bauteilbeanstandungen ergeben, einer geordneten Abarbeitung durch den BTV zuführen zu können, wird das auf SAP basierende Tool Entwicklungsfortschrittsliste (kurz: EFL) genutzt. Die EFL ist das Medium, wie Probleme bezüglich eines Bauteils aus unterschiedlichen Quellen dem zuständigen Entwickler zugetragen werden. Dieser entscheidet über die Abarbeitung des Problems. Ist eine Änderung des Bauteils notwendig, so kann dies über das Änderungsmanagement koordiniert werden. Abbildung 32 zeigt die Eigenschaften des Prozesses Entwicklungsfortschrittsliste:

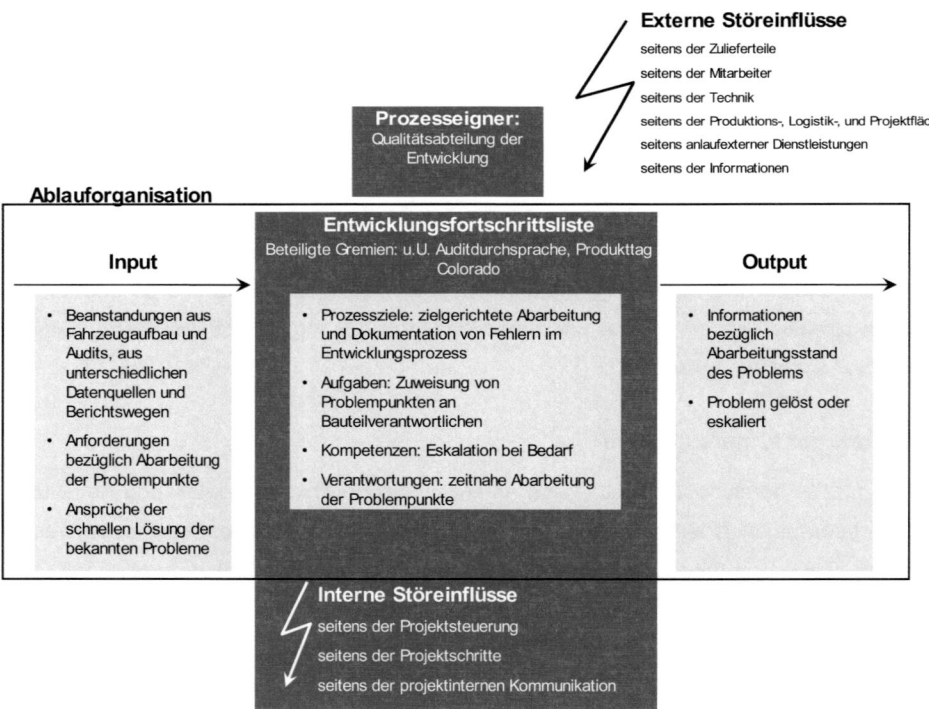

Abbildung 32: Prozesschart Entwicklungsfortschrittsliste

6.4.1 Ablauforganisation

Beanstandungen, die durch Bemusterung, Aufbau, Audit oder durch Erprobung aufgedeckt und als Punkte in die EFL eingetragen werden, können sofern sie entwicklungsrelevant sind, über die Qualitäts-Abteilung der Entwicklung dem verantwortlichen BTV zur Abarbeitung zugewiesen werden.

Dabei müssen Beanstandungen so genau wie möglich beschrieben werden, um die ursachengerechte Abarbeitung zu erleichtern. Die Qualitäts-Abteilung der Entwicklung übernimmt die Aufgabe, die aus unterschiedlichen Systemen stammenden Daten zu filtern, in die Form der EFL zu übertragen und an den BTV zu adressieren. Dieser übernimmt dann die Abarbeitung und die Kommunikation des aktuellen Stands.

Ist die Ursache des Problems gefunden und nachweislich abgestellt, kann der betreffende EFL-Punkt als abgeschlossen gekennzeichnet werden.

6.4.2 Externe Störeinflüsse

Seitens der Zulieferteile

Problematisch im Prozess ist die fehlende Anbindung der EFL an Systeme zur Kommunikation mit Lieferanten. Gerade im Hinblick auf ständig weiterentwickelte Bauteile oder Softwarestände ist so eine umständliche Identifizierung notwendig, welcher Bauteilstand Grund der Beanstandung ist. Da der BTV nicht direkt mit Einsatzdaten von Bauteilen rückversorgt wird, ist im Vorfeld der Abarbeitung des Problempunktes zu ergründen, welcher Bauteilstand beanstandet wurde. Die EFL ist im Anschluss manuell mit Informationen von Lieferanten anzureichern, um stets den aktuellen Stand kommunizieren zu können.

Seitens der Mitarbeiter

Da Mitarbeiter die Zuweisung von Problempunkten übernehmen, ist dieser Prozess Störeinflüssen ausgesetzt. So kann es bspw. zu Nichtbeachtung von Beanstandungen im Zuge von Überlastungen kommen. Die manuelle Übertragung von Daten aus verschiedenen Systemen bindet darüber hinaus ebenfalls Kapazitäten, die in der Anlaufphase häufig nicht zur Verfügung stehen.

Seitens der Technik

Ein gravierender Störeinfluss im Prozess ist die richtige Zuweisung der Beanstandungen und die Rückmeldung bezüglich Abarbeitungsstand. Da Beanstandungen durch Bemusterung in das CAQ-Tool APQP (für Advanced Planning Quality and Product Plan) und Beanstandungen aus Auditierung in das CAQ-Tool RQMS (für Reklamationsmanagementsystem) eingetragen werden, ist ein kontinuierlicher Abgleich zwischen den Systemen EFL und CAQ notwendig. Eine automatisierte Statusrückmeldung erfolgt nicht.

Das vorherrschende System der Produktionsabteilung bezüglich Qualität CAQ muss in Hinblick auf Beanstandungen manuell nach entwicklungsrelevanten Problempunkten durchsucht werden, um diese in der EFL der Abarbeitung zuzuführen. Dabei wird so vorgegangen, dass im CAQ-Themenblatt des entsprechenden Problems ein Hinweis auf die Abarbeitung in dem zugehörigen EFL-Punkt gesetzt wird. Sobald der EFL-Punkt als erledigt gilt, wird der offene CAQ-Punkt geschlossen. Abbildung 33 verdeutlicht die Probleme, die dabei auftreten können:

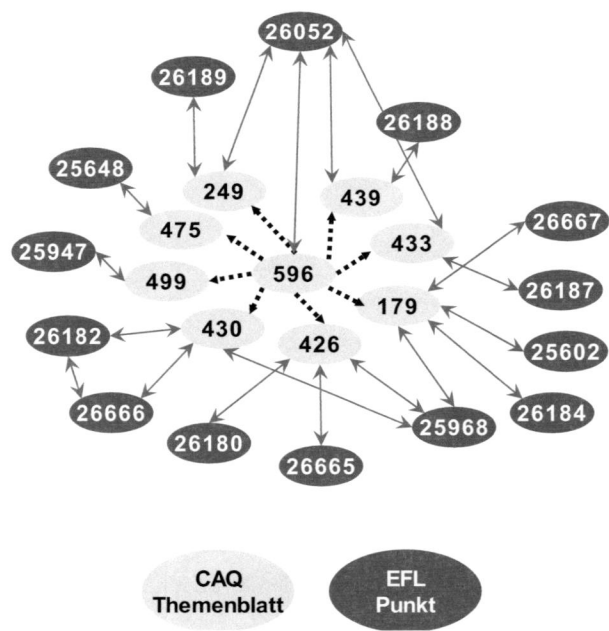

Abbildung 33: Negativbeispiel nicht mehr nachvollziehbarer Verlinkungen in EFL und CAQ

Die grau unterlegten Felder symbolisieren Beanstandungen bezüglich des Tanksystems während des Anlaufs Panamera, die bis auf Nr. 596 unabhängig voneinander aufgetreten sind. Der Punkt 596 ist kein eigenes Problem, sondern wurde verwendet, alle Probleme bezüglich Tank zusammenzufassen. Die bräunlich unterlegten Felder symbolisieren die EFL -Punkte, die sich mit der Abarbeitung der verlinkten CAQ-Punkte befassen. Erschwerend kommt hinzu, dass in der Baureihe Cayenne bezüglich Produktion Systeme der Volkswagen AG Anwendung finden. So kommen neben EFL und CAQ noch das VW-System VDSwin (für Versuchsdatensystem) zur Anwendung. Rohbauprobleme, die beispielsweise in Bratislava/ Slowakei entdeckt werden und Änderungen am Rohbau erfordern, werden von den dortigen Qualitätsverantwortlichen in das VDSwin eingetragen und müssen dann analog dem CAQ-Weg dem BTV zugeordnet werden.

Seitens der Flächen

Im Prozess nicht festgestellt.

Seitens anlaufexterner Dienstleistungen

Im Prozess nicht festgestellt.

Störeinflüsse seitens der Informationen

Ungenau beschriebene Problempunkte stellen im Prozess ein Problem dar. Je genauer die Problembeschreibung, desto gezielter kann das Problem angegangen werden. Der beschriebene Prozess der Problemzuweisung und die fehlende Anbindung zu Lieferanten erschwert den Zugang zu Informationen. Gerade die komplexe Verlinkung von Problempunkten, wie sie in Abbildung 32 dargestellt ist, erschwert die einfache und ganzheitliche Erfassung von Problemen. Die Identifikation von Schnittstellen und Abhängigkeiten kann nur durch hohen Aufwand ergründet werden, da der Zugang der BTVs zu dem CAQ-System nur eingeschränkt möglich ist.

6.4.3 Interne Störeinflüsse

Seitens der Projektsteuerung

Im Prozess nicht festgestellt.

Seitens der Projektschritte

Häufig werden Problempunkte mehrfach in das Tool eingetragen, da der Bauteilfehler von mehreren Abteilungen erkannt wurde. Je nach Dauer der Durchlaufzeit einer Beanstandung fällt es somit schwer zu beurteilen, ob Probleme gleiche Ursachen haben oder ein Problem trotz Abhilfemaßnahme weiterhin besteht.

Als Folge hieraus wird häufig Doppelarbeit geleistet oder Problempunkte werden aufgrund von vermeintlich wirksamen Abhilfemaßnahmen nicht weiter verfolgt. Dies führt zu einem deutlich verlangsamten Anstieg des Produktreifegrades im Anlauf.

Seitens der Kommunikation

Die Verwendung mehrerer Computersysteme und die Verlinkung derer, macht eine präzise Aussage über den aktuellen Stand der Problemabarbeitung nur umständlich möglich. Gerade die Kommunikation zu dem Fertigungsstandort Leipzig ist aufgrund der Führung des Standortes in einer eigenständigen Tochtergesellschaft und der Entfernung zu den BTVs in Weissach erschwert. Der Fertigungsstandort Leipzig nutzt eigene IT-Systeme, die für Mitarbeiter des Entwicklungs-Ressorts nur begrenzt einsehbar sind. Der einfache Kommunikationsweg der Durchsprache von Problempunkten am beanstandeten Bauteil oder Fahrzeug ist aufgrund der Entfernung Leipzig- Weissach im Gegensatz zu der Entfernung Zuffenhausen- Weissach häufig nicht möglich. Auf gewachsene Kommunikationsstrukturen, wie sie zwischen den Prozessbeteiligten in Weissach in Zuffenhausen Anwendung finden, kann bei der Bewältigung von Problemen bezüglich Leipzig nicht zurückgegriffen werden.

6.5 Bemusterung

Die Bemusterung ist Teil der Qualitätssicherung und bewertet Kaufteile bezüglich ihrer Serientauglichkeit vor dem Verbau im Fahrzeug. Von ca. 9000 verschiedenen Fahrzeugbauteilen (alle Derivate, ohne Farbkombinationen) sind ungefähr 1800 Kaufteile bemusterungsrelevant. Eigenfertigungsbauteile unterliegen der Qualitätsverantwortung der jeweiligen Cost Center und werden im Zuge der Bemusterung ebenso wie Normteile und Übernahmeteile aus anderen Baureihen nicht bemustert. Ab Start der PVS sollen nur noch positiv bemusterte Bauteile im Fahrzeug verbaut werden. Für den Aufbau der VVS-Fahrzeuge müssen Bauteile nicht bemustert werden. Abbildung 34 zeigt die Eigenschaften des Prozesses Bemusterung:

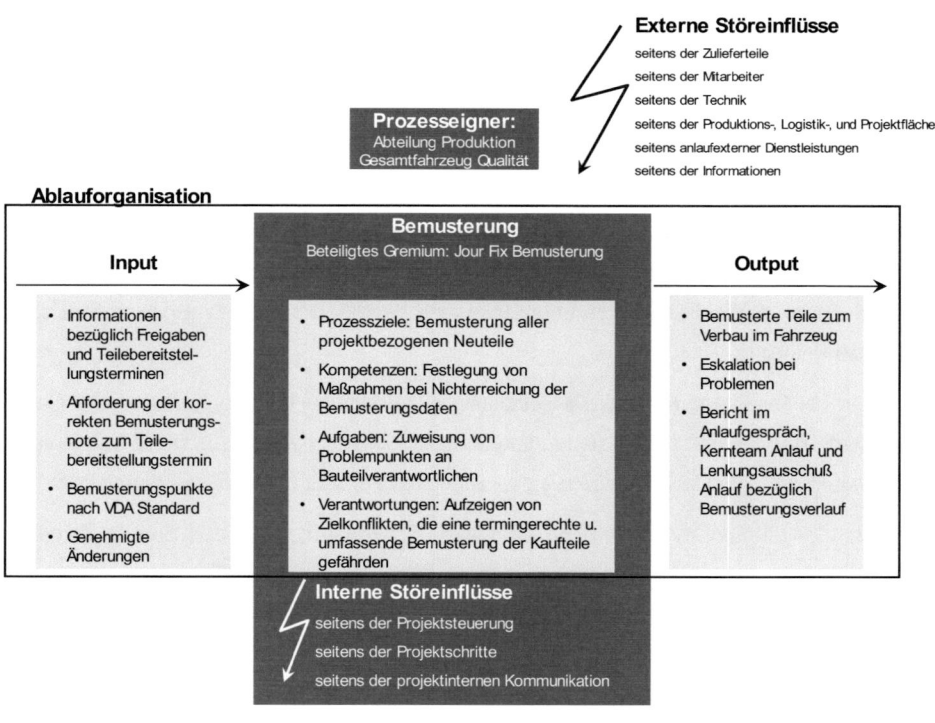

Abbildung 34: Prozesschart Bemusterung

6.5.1 Ablauforganisation

Ab erteilter Freigabe 2U können Bauteile durch Auditoren nach vorher festgelegten Kriterien bezüglich Maß, Werkstoff und Dokumentation beurteilt werden. Das Ergebnis wird durch Vergabe einer Bemusterungsnote festgehalten, die in drei verschiedene Noten erfolgt.

Note 6 Bauteile weisen erhebliche Abweichungen vom SOLL-Stand auf und dürfen nicht in Fahrzeugen verbaut werden. Ab der PVS werden Bauteile verlangt, die mindestens die Bemusterungsnote 3 erfüllen, also nur minimale Abweichungen gegenüber dem geforderten Stand aufweisen. Ab Start der Nullserie sollen Fahrzeuge aus Bauteilen mit der Note 1 aufgebaut werden. Die Bemusterung wird durch die Abteilung Qualität Gesamtfahrzeug der Produktion durchgeführt, sofern das Bauteil den Freigabestand 2U erreicht hat. Grundsätzlich gilt: Das beschaffende Ressort Entwicklung oder Produktion ist auch für die Bemusterung des Bauteils verantwortlich. Prototypenbauteile werden somit ab PVS durch das Ressort Entwicklung bemustert

Der Bemusterungsstart muss entsprechend Bemusterungsdauer retrograd geplant werden, so dass Bauteile vor Verbau im betreffenden Vorserienfahrzeug fertig bemustert sind. Vom BTV wird spätestens zum errechneten SOLL-Bemusterungsstart die Freigabe 2U erwartet. Die Kennzeichnung als Kaufteil, der angelegte Lieferplan sowie die gepflegte Farbkombinationstafel sind weitere Voraussetzungen zum Start der Bemusterung.

Im Jour Fix Bemusterung wird die Einhaltung der Freigabe- und Bemusterungstermine auf Bauteileebene gemäß Eckterminplan und der Bemusterungsstatus gemäß Q-Gate-Systematik verfolgt. Die Durchführungsverantwortung obliegt dem Anlaufmanagement.

Um den zu bemusternden Umfang an Teilen zu erhalten, muss aus den Systemen SAP, FSI und dem Lagerverwaltungsrechner (kurz: LVR) wöchentlich eine Umfangsliste manuell durch entsprechende Steuerkarten gefiltert werden. Der Vorgang ähnelt dabei dem Vorgehen der Erstellung der UTA-Liste zur Teilebeschaffung.

Die Umfangsliste wird in das CAQ-Modul APQP geladen und darüber, entsprechend der Kapazitäten, die Bemusterungen über die Bauteilplanungsliste, einer Auswertung aus dem Modul APQP, geplant. Abbildung 35 zeigt den Ablauf der Bemusterung über alle Baureihen:

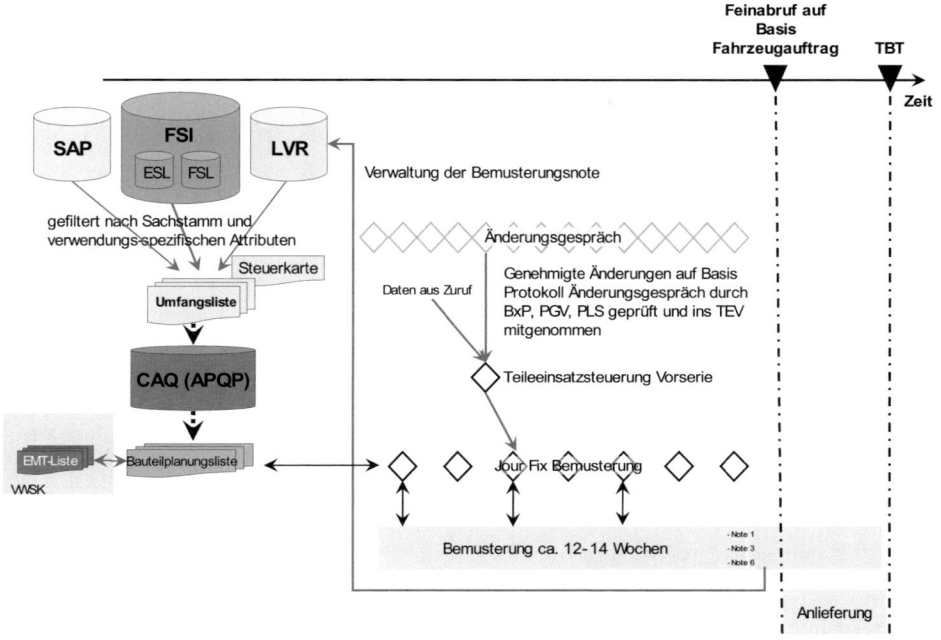

Abbildung 35: Ablauf Bemusterung

Bezüglich Baureihe Cayenne muss die Bauteilplanungsliste zusätzlich mit der EMT-Liste von Volkswagen Slowakei (kurz: VWSK) abgeglichen werden, da die Porsche AG und die Volkswagen AG ihre Bemusterungen in unterschiedlichen Systemen planen.

Als Sonderprozess neben diesem Ablauf müssen geänderte Bauteile abermals bemustert werden. Die Einsteuerung dieser Bauteile erfolgt über das Protokoll des Änderungsgesprächs. Genehmigte Bauteiländerungen werden anhand des Protokolls des Änderungsgesprächs nach bemusterungsrelevanten Bauteilen überprüft und durch die Abteilung Produktionsvorbereitung für Zuffenhausen in das Gremium Teileeinsatzsteuerung Vorserie gemeldet. Bezüglich Leipzig ist das Gremium EMT-Runde zuständig.

In diesen Gremien werden geänderte Bauteile bezüglich Einsatztermin gesteuert. Anhand des gewünschten Einsatztermins kann die Planung des Bemusterungsstarts erfolgen. Die Bemusterung erfolgt zumeist beim Lieferanten, wobei Bauteile gemäß Angabe in den Zeichnungen sowie sämtliche begleitende Dokumente nach VDA-Standard geprüft werden. Dabei werden auch FMEAs (für Fehler-Möglichkeits- und Einflussanalyse) und Prozessbeschreibungen zur Herstellung der Bauteile verlangt.

Den Zeitpunkt der Bemusterung legt das Gremium Jour Fix Bemusterung fest. Die Bemusterungsnote wird im Lagerverwaltungsrechner gepflegt.

Aufgrund der Erstellung der Bauteileplanungsliste, die lediglich wöchentlich erfolgt, ist die Datenbasis nie auf dem aktuellsten Stand, da die Umfangsliste Daten aus Systemen filtert, die wiederum lediglich wöchentlich aktualisiert werden. Somit können sich im Extremfall fast zwei Wochen alte Bauteilstände in der Bauteilplanungsliste vorfinden.

6.5.2 Externe Störeinflüsse

Seitens der Zulieferteile

Da Bauteile, die durch die Bemusterung mit der Note 6 bewertet wurden, nicht im Fahrzeug verbaut werden dürfen, zögern Lieferanten die Bemusterung von Bauteilen häufig in die Länge. Die Anlieferung von Bauteilen ohne Bemusterung wird der Note 6 vorgezogen, da nicht statusgerechte Bauteile zum Teilebereitstellungstermin per Bauabweichung zum Verbau im Fahrzeug genehmigt werden können. Somit ist gerade in Bezug auf kritische Bauteile eine genaue Aussage über den Bauteilreifegrad schwer zu treffen. Die angewandte Praxis kann somit zu einer deutlich verlangsamten Steigerung der Qualitätsrate führen.

Seitens der Mitarbeiter

Die Einbindung von Änderungen in den Prozess der Bemusterung erfolgt auf Grundlage des Protokolls aus dem Änderungsgespräch. Bauteilumfänge, die abseits dieses Gremiums zur Änderung genehmigt werden, müssen durch Verantwortliche kommuniziert werden. Im Prozess zeigt sich, dass dieser Weg nicht prozesssicher erfolgt und häufig abhängig von Mitarbeitern und Arbeitsspitzen ist. Das nicht vorhandene ganzheitliche Prozessverständnis und damit verbunden die Kenntnis der, einer Änderung nachgeschalteter Prozesse, führt häufig zu Fehleinschätzungen und der unvollständigen oder stark verzögerten Weitergabe von bemusterungsrelevanten Informationen durch Mitarbeiter unterschiedlicher Abteilungen.

Seitens der Technik

Der Abgleich zur Erstellung der Bauteileplanungsliste aus unterschiedlichen Systemen ist bezüglich Störungseinflüssen dem Vorgehen zur Erstellung der UTA-Liste ähnlich und unterliegt den gleichen Störeinflüssen bezüglich Verzögerung und Aktualität. Auch hier würde eine allumfassende Datenbasis Störeinflüsse deutlich reduzieren und den Prozess stabilisieren.

Seitens der Flächen

Im Prozess nicht festgestellt.

Seitens anlaufexterner Dienstleistungen

Logistikprozesse können im Vorfeld der physischen Bauteilversorgung nur unzureichend hinsichtlich Qualität und Prozessstabilität überprüft werden, da Bauteile in der Regel beim Lieferanten bemustert werden. Es wird auf bekannte Logistikprozesse vertraut und im Falle des Verfehlens von Prozesszielen auf Probleme reagiert. Somit ist gerade bezüglich des Logistik-Prozesses eine vorausplanende Qualitätsbeurteilung im Zuge der Bemusterung erforderlich, Bauteile ganzheitlich bewerten zu können.

Seitens der Informationen

Die Einbindung von Informationen in den Prozess der Bemusterung erfordert hohen manuellen Aufwand. Die Bauteilplanungsliste muss kontinuierlich aktualisiert und ggf. mit Informationen aus der EMT-Liste abgeglichen werden. Eine Rückversorgung von Systemen wie dem FSI erfolgt nicht. Dem BTV fehlt häufig die genaue Kenntnis und Information bezüglich aktuellem Stand der Bemusterung. Lieferanten erfahren i.d.R. vor der bemusterungsdurchführenden Abteilung von beantragten, aber noch nicht genehmigten Änderungen im Zuge der Änderungsbewertung und stellen kostenintensive Investitionen häufig zurück. Bei Ablehnung des Änderungsantrags ergeben sich Zeitverzüge in der Bauteilherstellung und somit auch der Bemusterung.

6.5.3 Interne Störeinflüsse

Seitens der Projektsteuerung

Da über die retrograde Terminplanung im Zuge der Bemusterung eine genaue Aufschlüsselung von Soll-/ Ist- Bauteilständen und eine Identifikation kritischer Bauteile zwischen den Zeitpunkten „Erteilung Freigabe 2U" und „Teilebereitstellungstermin" möglich ist, erfragen fast alle Gremien den aktuellen Stand der Bemusterung. Das beschriebene Problem der Ineffizienz durch redundante Gremien zeigt sich auch hier und führt ebenfalls zu Überlastung von Mitarbeitern.

Seitens der Projektschritte

Die Einbindung von Änderungen in den Bemusterungsprozess ist aufgrund manueller Schritte, die durch verschiedene Abteilungen ausgeführt werden müssen, sehr anfällig für Störeinflüsse und darüber hinaus nur zeitverzögert möglich. Eine Information der bemusternden Abteilung erfolgt über den Weg des Gremiums TEV und führt deshalb zu später startenden Bemusterungen von Änderungen und kann eine Versorgung von Vorserien mit statusgerechten Bauteilen verhindern.

Seitens der Kommunikation

Störeinflüsse durch mangelnde Kommunikation ergeben sich durch unterschiedliche Systeme und Gremien und führen zu verzögertem Start der Bemusterung und der mangelnden Rückversorgung der IT-Systeme mit relevanten Bemusterungsinformationen. BTVs können sich selbst aufgrund des eingeschränkten Zugangs zu dem IT-System CAQ selbst nicht mit Informationen versorgen und sind gezwungen, Bemusterungsergebnisse im Rahmen der Tagungsrunden der SETs zu erfragen.

6.6 Aufbau, Audits

In der Phase nach dem Teilebereitstellungstermin werden Bauteile kommissioniert und der Aufbau der Fahrzeuge beginnt. Dabei werden Vorserienfahrzeuge bereits im Serienband im Mix mit den aktuellen Modellen gefertigt. Parallel zum Aufbau der Fahrzeuge finden in den Cost Centern Karosserie, Fahrwerk, Montage und Aggregate Abschnittsaudits statt, um die Produktqualität der Fahrzeuge aus Kundensicht zu messen und zu beurteilen. Die Auditierung ist dabei ein Feld der Qualitätssicherung im Sinne des Qualitätsmanagements. Der Begriff Audit kommt aus dem englischen und kann mit Prüfung übersetzt werden.

Das fertig montierte Fahrzeug wird in einem Finalaudit durch die Abteilung Unternehmensqualität-Audit umfänglich geprüft. Abbildung 36 zeigt die Eigenschaften des Prozesses Aufbau, Audits:

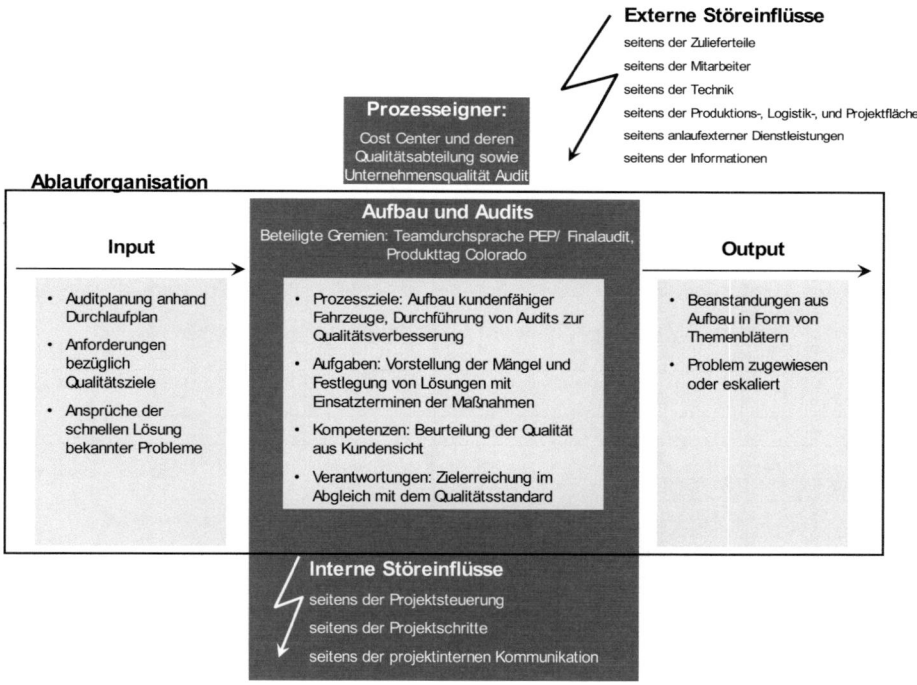

Abbildung 36: Prozesschart Aufbau, Audit

6.6.1 Ablauforganisation

Anhand Vorserien-Fahrzeugaufträgen wird durch die Abteilung Produktionsvorbereitung eine Anlaufkurve in Form eines Durchlaufplans erstellt. Hierin werden alle zu fertigenden Fahrzeuge bezüglich ihres Durchlaufs durch die Fertigungsprozesse aufgeplant, wodurch die, für die Abschnittsaudits zuständigen Qualitätsabteilungen der Cost Center, die Auditierung von Fahrzeugen planen können.

Bezüglich Auditierung wird so vorgegangen, dass Fahrzeuge nach vorher festgelegten und in dem CAQ-Tool RQMS hinterlegten Merkmalen abgeprüft werden. Beanstandungen aus Audits werden im CAQ aufgenommen und stehen somit zur weiteren Verwendung in Form von Themenblättern zur Verfügung.

Im Themenblatt werden alle Beanstandungen auf Basis Fehler-Einheiten-Schlüssel mit zugehöriger Fehlerart aufgenommen und bezüglich Abarbeitungsstatus bewertet. Per Ampelsystematik kann schnell überprüft werden, ob Fehler bezüglich Abarbeitung im vorgegebenen Zeitrahmen liegen.

Sofern Bauteiländerungen durch das Entwicklungs-Ressort vorzunehmen sind, ist eine Übertragung des Themenblattes in das, bezüglich Abarbeitung von Problempunkten aus Entwicklungssicht genutzte System EFL, vorzunehmen. Daneben gibt es weitere Möglichkeiten, wie Bauteiländerungsbedarfe aus Audits dem Entwickler angetragen werden. Abbildung 37 gibt die Situation im Anlauf Cayenne wieder:

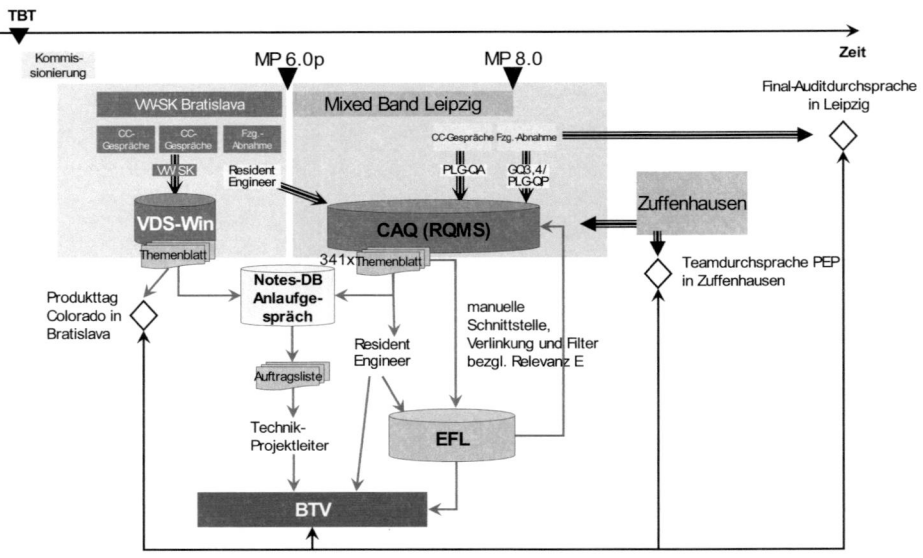

Abbildung 37: Kommunikationsstruktur von Bauteiländerungen zum BTV im Anlauf Cayenne

Ausgehend vom Teilebereitstellungstermin erfolgt die Kommissionierung der angelieferten Bauteile. Ca. zwei Wochen nach TBT beginnt die Fahrzeugfertigung mit dem Aufbau der Karosserie. Nach Meldepunkt (kurz: MP) 1.0, dem Abschluss der Rohbauarbeiten, erfolgt das erste Abschnittsaudit in Bratislava. Hierbei wird der Rohbau auf Maßhaltigkeit inklusive aller Schweißnähte überprüft. Nach MP 2.1 erfolgt das zweite Abschnittsaudit nach beendeter Lackierung. Meldepunkt 6.0p symbolisiert den Übergang der Fertigung vom Volkswagen Werk in Bratislava in das Porsche Werk Leipzig. Beanstandungen aus den Abschnittsaudits in Bratislava werden in dem VW-System VDSwin verwaltet. Das zugehörige Themenblatt erhält der Anlaufmanager, der es in der Datenbank Anlaufgespräch zugangsberechtigten Personen für die weitere Verwendung zur Verfügung stellt. Gravierende Bauteilprobleme können durch das Gremium Produkttag Colorado direkt von Bratislava an die Entwicklung adressiert werden. Hierzu können verantwortliche BTVs nach Bratislava eingeladen werden.

Die Endfertigung der Cayenne-Fahrzeug erfolgt in Leipzig im Mixed Band, mit Panamera Fahrzeugen. Nach einem Abschnittsaudit erfolgt das Finalaudit. Beanstandungen aus den Audits werden durch die zuständigen Auditoren im CAQ eingetragen. Ebenso wird bezüglich Beanstandungen aus dem Motorenaufbau in Zuffenhausen vorgegangen. Sowohl in Leipzig als auch Zuffenhausen können BTVs bei gravierenden Bauteilfehlern zu den Auditdurchsprachen innerhalb der Cost Center gemäß Geschäftsordnung eingeladen werden. So können Problempunkte direkt vor Ort zwischen Vertretern der Baureihe und der Abteilung Unternehmensqualität besprochen und geeignete Abhilfemaßnahmen festgelegt werden.

Der Abgleich CAQ zu EFL, wie im vorherigen Abschnitt beschrieben, erfolgt parallel hierzu. Des Weiteren werden Themenblätter aus Leipzig in Bratislava im wöchentlichen Anlaufgespräch anhand aktueller Auditberichte vorgetragen und verfolgt. In der Auftragsliste werden Maßnahmen bezüglich Abarbeitung festgelegt und an den betreffenden Technik-Projektleiter weitergereicht. Dieser informiert den zuständigen BTV über Problempunkte und berichtet dem Gremium Anlaufgespräch bezüglich Abarbeitung.

Darüber hinaus kann eine Weitergabe von Problempunkten auch durch den Entwicklungsvertreter in Leipzig erfolgen. Dieser Resident Engineer ist ständiger Vertreter und Ansprechpartner bezüglich Entwicklungsbelangen vor Ort in Leipzig.

6.6.2 Externe Störeinflüsse

Seitens der Zulieferteile

Sofern Bauteile zum TBT nicht im dem geforderten Status oder gar nicht vorliegen, können alternative Bauteilstände über eine Bauabweichung zum Verbau legitimiert werden. Dies erfolgt per manuellem Formular und führt im Zuge des Aufbaus und der Rückmeldung von Beanstandungen aus Audits häufig zu Unklarheiten über den tatsächlich verbauten Bauteilstand. Auch bezüglich Änderungen kann der, durch den BTV im Änderungsantrag angegebene Termin durch das Gremium TEV verändert werden. Es erfolgt keine Rückmeldung des verbauten Bauteilstands an den BTV. Da in der Anlaufphase des neuen Cayenne 341 Beanstandungen aus dem Aufbau durch das Audit aufgedeckt und an BTVs adressiert wurden, kann dies eine aufwändige Recherche nach verbauten Teileständen nach sich ziehen.

Seitens Mitarbeiter

Infolge der Vielzahl der Beanstandungen und dem unübersichtlichen Kommunikationsweg zum BTV können aufgrund von Überlastungen der Mitarbeiter Problempunkte häufig nicht nachverfolgt und bezüglich Abarbeitung kontinuierlich vorangetrieben werden.

Seitens der Technik

Gerade in Bezug auf neu angewendete Fertigungstechniken oder Produkteigenschaften werden Auditoren zu spät eingebunden. Sofern der Audit-Prozess infolgedessen nicht gänzlich ausgereift ist, kann es zu unentdeckten Fehlern oder auch unbegründeten Beanstandungen kommen.

Seitens der Flächen

Im Prozess nicht festgestellt.

Seitens anlaufrelevanter Dienstleistungen

Im Prozess nicht festgestellt.

Seitens der Informationen

In der Weitergabe von Informationen zwischen den Unternehmen Volkswagen und Porsche bestehen vielseitige Störungseinflüsse. So können bspw. Rohbau-Audits der Volkswagen AG in vielen Gesichtpunkten nicht mit Rohbau-Audits der Porsche AG verglichen werden. Da auditrelevante Merkmale häufig nicht auf Zeichnungen vermerkt sind, erfolgt die Auditierung nach Unternehmensmaßstäben. Rohbau-Beanstandungen, die durch VWSK bemängelt werden, können u.U. nach Porsche-Maßstäben im Rahmen der Vorgaben liegen und somit nicht beanstandungswürdig sein. Darüber hinaus erfolgt die Kommunikation von Beanstandungen aus MP6.0p-Audits häufig in Form von maschinell nicht übertragbaren pdf-Dateien, die aufwändig durch BTVs durchsucht werden müssen. Unklar beschriebene Beanstandungen führen dabei häufig zu Verzögerungen bei der Abarbeitung von Beanstandungen.

6.6.3 Interne Störeinflüsse

Seitens der Projektsteuerung

Bezüglich der Projektsteuerung kann festgehalten werden, dass in Gremien zu weitreichend über BTVs verfügt werden kann. So kann von diesen kurzfristig verlangt werden, an Auditdurchsprachen teilzunehmen. Im Anlauf der Baureihe Cayenne wurden BTVs aufgrund der hohen Anzahl an Beanstandungen und der in Abbildung 37 dargestellten unübersichtlichen Kommunikationsstruktur häufig direkt zu Auditdurchsprachen eingeladen. Es konnten Beanstandungen zwar vor Ort und ohne Umwege über IT-Systeme erläutert und Termine bezüglich Abarbeitung getroffen werden, dies führte aber zu einer Überlastung der BTVs. Die Projektsteuerung muss deshalb gerade in Betracht der Entfernungen zum Fertigungsstandort Leipzig nachgeschärft werden.

Seitens der Projektschritte

Abbildung 37 zeigt deutlich die Defizite in der Projektsteuerung auf, mit der Auswirkung der hohen Fehlerquote in der Zuweisung von Beanstandungen aus Aufbau und Audit zum BTV. Der eigentlich vorgesehene Weg über den Abgleich des CAQ- und EFL-Systems wird durch eine Reihe von Parallelprozessen flankiert.

Seitens der Kommunikation

Der Prozess der Zuweisung von Problempunkten zwischen Audit und BTV ist unübersichtlich und im Prozess nicht zu verstehen. Durch die Vielzahl der beteiligten Personen ist eine geordnete und strukturierte Kommunikation nicht gegeben. Gerade bezüglich der räumlichen Entfernungen sollte auf die Möglichkeit der Video-Konferenz zurück gegriffen werden.

6.7 Änderungsmanagement

Um die Produktion von Fahrzeugen starten zu können, müssen Bauteile im Vorfeld definiert und beschafft werden. Dazu ist es erforderlich, den aktuellen Entwicklungsstand zu einem definierten Zeitpunkt festzuhalten und diesen im Nachgang zu beschaffen. Der diesbezügliche Änderungsstopp liegt projektspezifisch ca. drei Monate vor Q-Gate 5b, dem Start der Versuchsvorserie. Zu diesem Zeitpunkt sollte spätestens die Freigaben 2E3 durch den BTV gegeben werden. Zu spät erteilte Freigaben sind kritisch bezüglich Bauteilbeschaffung, die ebenfalls drei Monate vor TBT mit dem Bauteilabstimmungsgespräch startet.

Die Entwicklung schreitet parallel zur Beschaffung der Bauteile und Produktion der Fahrzeuge aufgrund Beanstandungen aus Bemusterung, Audits oder auch Langzeitversuchen und Dauerläufen stetig weiter. Die Bewertung, Genehmigung und koordinierte Einsteuerung von daraus resultierenden Bauteiländerungen sowie die Festlegung alternativer Bauteile aufgrund nicht verbaubarer Bauteilstände übernimmt das Änderungsmanagement. Verantwortlich für diesen Prozess ist die jeweilige Baureihe.

Dabei unterscheidet sich das Änderungsmanagement unter den Baureihen. Das auf SAP basierende Porsche Änderungsmanagement (kurz: PÄM) koordiniert Änderungsbedarfe bezüglich der Baureihen Carrera (kurz: C), Boxster (kurz: B) und Panamera (kurz: G). Aufgrund der Kooperation mit der Volkswagen AG wird bezüglich Baureihe Cayenne (kurz: E) gemäß Kooperationsvertrag das Volkswagen IT-System Antragsverwaltung online (kurz: AVON) bezüglich Änderungsbearbeitung verwendet. Die Umdefinition von Bauteilen erfolgt ausserhalb von IT-Systemen. Abbildung 38 zeigt die Eigenschaften des Prozesses Änderungsmanagement:

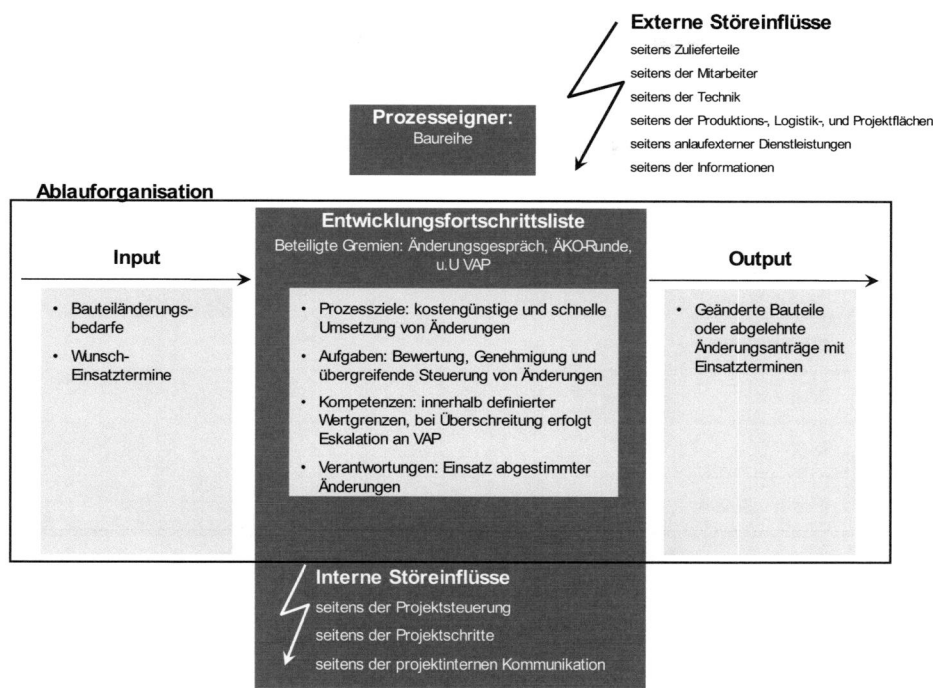

Abbildung 38: Prozesschart Änderungsmanagement

6.7.1 Ablauforganisation

Die gewünschte Bauteiländerung oder Umdefinition startet mit der Auswahl des richtigen Änderungsweges. Abhängig von Ursache, Baureihe und Zeitpunkt eines Problems gibt es innerhalb des Änderungsmanagements acht verschiedene Wege, eine Änderung im Fahrzeug umzusetzen. Generell behandelt das Änderungsmanagement nur Bauteile, die bereits die Freigabe 2E3 erhalten haben. Die richtige Auswahl der geeigneten Maßnahme obliegt dem Bauteilverantwortlichen. Abbildung 39 zeigt die unterschiedlichen Änderungswege in Abhängigkeit der Ursache:

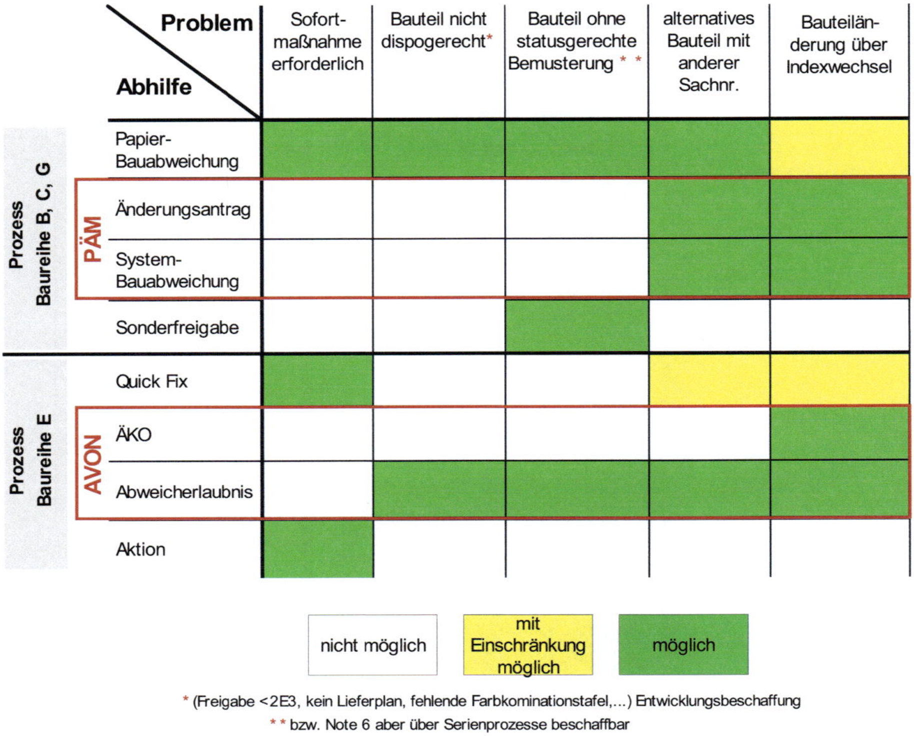

Abhilfe \ Problem	Sofortmaßnahme erforderlich	Bauteil nicht dispogerecht*	Bauteil ohne statusgerechte Bemusterung**	alternatives Bauteil mit anderer Sachnr.	Bauteiländerung über Indexwechsel
Prozess Baureihe B, C, G — PÄM					
Papier-Bauabweichung	möglich	möglich	möglich	möglich	mit Einschränkung möglich
Änderungsantrag	nicht möglich	nicht möglich	nicht möglich	möglich	möglich
System-Bauabweichung	nicht möglich	nicht möglich	nicht möglich	möglich	möglich
Sonderfreigabe	nicht möglich	nicht möglich	möglich	nicht möglich	nicht möglich
Prozess Baureihe E — AVON					
Quick Fix	möglich	nicht möglich	nicht möglich	mit Einschränkung möglich	mit Einschränkung möglich
ÄKO	nicht möglich	nicht möglich	nicht möglich	nicht möglich	möglich
Abweicherlaubnis	nicht möglich	möglich	möglich	möglich	nicht möglich
Aktion	möglich	nicht möglich	nicht möglich	nicht möglich	nicht möglich

Legende: nicht möglich (weiß) | mit Einschränkung möglich (gelb) | möglich (grün)

* (Freigabe <2E3, kein Lieferplan, fehlende Farbkominationstafel,...) Entwicklungsbeschaffung
** bzw. Note 6 aber über Serienprozesse beschaffbar

Abbildung 39: Matrix Änderungswege - Bauteilprobleme

- Eine Papier-Bauabweichung ist ein einseitiges Dokument, welches der Baureihenleiter genehmigt und die rechtliche Absicherung des temporären Verbaus vom Freigabestand abweichender Bauteile (Bauteilbeschaffung über Entwicklung, Note 6 Bauteile) oder den temporären Verbau von Alternativbauteilen legitimiert. Darüber hinaus sind geringe Bauteilabänderungen (z.B. anfasen) möglich. Die Papier-Bauabweichung kann durch den BTV oder den Produktionsplaner gestellt werden.
- Änderungsanträge und System-Bauabweichungen werden über das PÄM gesteuert. Die System-Bauabweichung dient dem vorgezogenen Einsatz einer Änderung, die sich über eine technische Bauteiländerung oder einen Lieferantenwechsel erstrecken kann. Das Porsche Änderungsmanagement koordiniert die monetäre und technische Bewertung durch betroffene Fachbereiche.Ände-

rungsanträge oder System-Bauabweichungen können nur durch den BTV gestellt werden. Die System-Bauabweichung entspricht bezüglich ihren Attributen grob dem Änderungsantrag, ist jedoch bezüglich Durchlauf durch die Änderungsprozesse beschleunigt.

- Die Sonderfreigabe legitimiert ebenso wie die Papier-Bauabweichung den Verbau von Bauteilen ohne statusgerechte Bemusterung, allerdings nur für den Verbau in den Vorserien und der Nullserie. Ab SOP muss eine Papier-Bauabweichung gestellt werden. Die Sonderfreigabe ist eine einfache Dokumentation über die Abweichung vom geforderten Stand und wird in einer Datenbank abgelegt. Sie entspricht der vereinfachten Form einer Papier-Bauabweichung.

Bezüglich Baureihe Cayenne kennt das Änderungsmanagement die Wege Quick Fix, Änderungskontrolle (kurz: Äko), Abweicherlaubnis (kurz: AE) und Aktion.

- Der Äko entspricht den Kompetenzen eines Änderungsantrags und wird durch das IT-Tool AVON bezüglich Bewertung unterstützt.
- Die Abweicherlaubnis entspricht weitgehend der System-Bauabweichung und hat darüber mehr Kompetenzen, um Bauteile über Serienprozesse beschaffen zu können.
- Quick Fix ist eine temporäre Maßnahme, um die Qualität der zu fertigenden Fahrzeuge einfach zu erhöhen (z.B. Zackenring setzen, Kabelbinder anbringen o.ä.). Sie kann innerhalb weniger Tage zum Einsatz gebracht werden. Das Anlaufgespräch genehmigt den Quick Fix.
- Forderungen aus der Qualitätslenkung führen zu gesonderten Aktionen am Band (Sonderprüfung, Flashen von Steuergeräten, Nachverfolgung von E-Aufträgen) und können durch den Antrag Aktion gestellt werden. Über die Genehmigung entscheidet der Q-Planer.

Abbildung 40 zeigt die unterschiedlichen Attribute der Antragsarten bezüglich Baureihen C, B und G :

Antragsart Prozessschritt	(Papier-)Bauabweichung		Änderungsantrag System-BA		ÄA
	Typ 1a Rechtliche Absicherung des temporären Verbaus vom Freigabestand abweichender Bauteile (geringfügig, tolerierbar)	Typ 1b Temporärer Verbau von Alternativbauteilen, manuelle Beschaffung und Dokumentation eines abweichenden Bauteils	Typ 2a Vorgezogener Einsatz einer Änderung mit gleicher technischer Lösung	Typ 2b Verbau einer Interimslösung bis Einsatz neue technische Lösung über ÄA	Technische Änderungen, Lieferantenwechsel, Ratio-Maßnahmen
Antrag	X	X	X	X	X
Änderungsstandwechsel					X
Indexwechsel		X	X	X	X
Zeichnung			Nur Skizze	Nur Skizze	X
Bewertung PÄM			Nicht zwingend erforderlich	Nicht zwingend erforderlich	X
Genehmiger	Änderungsgespräch	Änderungsgespräch	Änderungsgespräch	Änderungsgespräch	Änderungsgespräch
Freigabe			2UB (3EB, 3UB)	2UB (3EB, 3UB)	nur bei Indexwechsel
Verwaltung in ESL			X	X	X
Verwaltung in FSL	X	X	X	X	X
Abruf		X	X	X	X
Bemusterung					X
Verbau	X	X	X	X	X

Abbildung 40: Attribute Antragsarten PÄM

Die erforderlichen Attribute können den Prozessen gemäß Abbildung 19 zugeordnet werden:

Antrag stellen

Zur Antragstellung muss der Antrag vorliegen. Die Änderung kann dabei über einen Indexwechsel oder, sofern nicht freigabe- und steuerungsrelevant, über einen Änderungsstandwechsel dokumentiert werden. Der Antrag muss eine Zeichnung der beantragten Änderung des Bauteils enthalten.

Genehmigung

Der Antrag wird bezüglich technischer und finanzieller Auswirkungen bewertet und kann dann durch entsprechende Regelkreise zur Bauteiländerung genehmigt werden.

Freigabe

Sofern die Änderung durch den BTV und den Lieferanten umgesetzt wurde, erteilt dieser die entsprechende Freigabe und gibt die Änderung zur Umsetzung frei.

Umsetzung

In der Umsetzung erfolgt die Anpassung der Stücklisten und der Abruf des geänderten Bauteils beim Lieferanten. Das geänderte Bauteil kann, sofern erforderlich, vor Verbau bemustert werden.

Die geforderten Prozessschritte unterscheiden sich nach Antragsart und Antragstyp, wodurch sich unterschiedliche Durchlaufzeiten ergeben.

Der Prozess bezüglich der Baureihe Cayenne zeigt ähnliche Attribute der Antragsarten, wie Abbildung 41 verdeutlicht:

Antragsart / Schritt	Quick Fix	Abweicherlaubnis AE ohne Stüli-Relevanz	Abweicherlaubnis AE mit Stüli-Relevanz	Änderungskontrolle ÄKO	Aktion
Antrag	X	X	X	X	X
Änderungsstandwechsel				X	
Indexwechsel			X	X	
Zeichnung			X	X	
Bewertung AVON			Nicht zwingend erforderlich	X	
Genehmigung	Anlaufgespräch	Änderungsgespräch	Änderungsgespräch	Änderungsgespräch	Q-Lenker
Freigabe			X	X	
Verwaltung in ESL			X	X	
Verwaltung in FSL			X	X	
Abruf	X	X	X	X	Über Fachbereich
Bemusterung				X	
TBT		X	X	X	
Verbau	X	X	X	x	X

Abbildung 41: Attribute Antragsarten AVON

Da ein erhebliches Defizit in der ganzheitlichen Erfassung der Vorgänge zwischen erkennen des Änderungsbegehrens und dem IST-Einsatz im Fahrzeug im Zuge der

Prozessanalyse festgestellt werden konnte, zeigt Abbildung 42 allumfassend den Ablauf sämtlicher Einzelprozesse in Abteilungen, die ein Änderungsantrag durchlaufen muss:

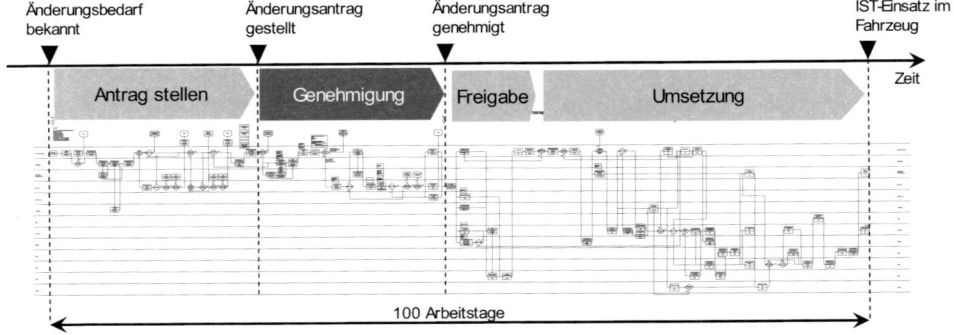

Abbildung 42: Ablauf Änderungsantrag

Dabei ergeben sich Durchlaufzeiten für Änderungsanträge von ca. 100 Arbeitstagen. Alleine die Umsetzung der genehmigten und freigegebenen Änderung dauert ca. 40 Arbeitstage.

6.7.2 Externe Störeinflüsse

Seitens der Zulieferteile

Bei aufwändigen und späten Änderungen an Bauteilen und Werkzeugen können diese u. U. zum geplanten Teilebereitstellungstermin nicht mehr geändert werden.

Bei langen Änderungsdurchläufen kann sich somit die Situation ergeben, dass Bauteile Vorserien überspringen und somit nicht ausreichend erprobt werden können. Bezüglich später Änderungen ist das Zeitfenster zwischen Fertigstellung des ersten werkzeugfallenden Bauteils und dem Verbau im Fahrzeug oft nicht mehr ausreichend für eine Bemusterung. Im schlimmsten Fall müssen somit Prototypenteile anstatt der vorhandenen Serienbauteile verbaut werden.

Seitens der Mitarbeiter

Der Prozess Änderungsmanagement wird aufgrund seiner Komplexität und der mangelnden Beschreibung innerhalb des Unternehmens nicht ganzheitlich verstanden. Die Auswahl des richtigen Änderungsantrages kann schon zu erheblichen Problemen führen. Es gibt keine Aufschlüsselung über Probleme und mögliche Abhilfewege, wie sie in Abbildung 39 dargestellt ist. Darüber hinaus erfordern eine Vielzahl von Bauteilproblemen Abhilfemaßnahmen, die kaum zu überblicken sind. Abbildung 43 gibt einen Überblick über das Vorgehen bei nicht statusgerechten Bauteilen in Abhängigkeit der Zeit:

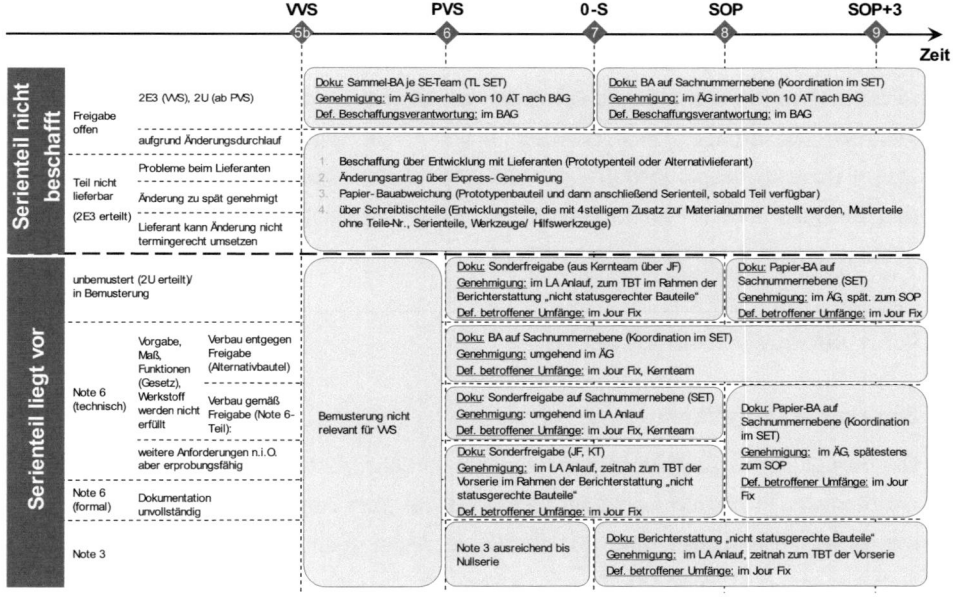

Abbildung 43: Vorgehen bei nicht statusgerechten Bauteilen

Seitens der Technik

Durch das IT-Tool PÄM wird der Prozess zwischen Antragstellung und Antraggenehmigung systemseitig unterstützt. Es werden Änderungsanträge über verschiedene Baureihen verknüpft und durch festegelegte Abteilungen in finanzieller und technischer Hinsicht bewertet. Auf Grundlage dieser Bewertung erfolgt die Genehmigung. Alle nachfolgenden Prozesse werden nicht mehr systemseitig unterstützt und bedingen somit manuellen Aufwand, was zu sehr langen Durchlaufzeiten führt.

Seitens der Flächen

Im Prozess nicht festgestellt.

Seitens anlaufexterner Dienstleistungen

Im Prozess nicht festgestellt.

Seitens der Informationen

Bezüglich Informationen herrscht im Änderungsdurchlauf große Unsicherheit. Die fehlende Systemunterstützung verhindert die einfache Kontrolle des Änderungsstatus. Eine Weitergabe von Informationen findet nur eingeschränkt in den Gremien statt. Prozessbeteiligte erfragen den aktuellen Bauteilstatus im Rahmen der tagenden Gremienrunden. Hierbei kann häufig keine eindeutige Antwort aufgrund mangelnder Kenntnis und Vielzahl an Änderungen gegeben werden.

6.7.3 Interne Störeinflüsse

Seitens der Projektsteuerung

Die bezüglich des Änderungsmanagements verantwortliche Baureihe übernimmt die erforderliche Prozesstreiberschaft häufig nur bis zum Abschluss der Änderungsgenehmigung. Die Umsetzung der Änderung findet deutlich zu wenig Beachtung, wodurch sich die langen Durchlaufzeiten erklären lassen.

Seitens der Projektschritte

Hauptursache für Störeinflüsse im Änderungsmanagement sind im Vorfeld der Antragstellung nicht abgestimmte SOLL-Einsatztermine. Diese können durch den Antragsteller auf eine bestimmte Vor- oder Nullserie terminiert werden. Im Zuge der Änderungsgenehmigung kann der SOLL-Einsatz mehrfach verändert werden. Der Einsatz einer Änderung kann nur zu bestimmten Zeitpunkten erfolgen und muss auf andere Änderungen oder Bauteile abgestimmt werden. Die Koordination der Teileeinsatzsteuerung erfolgt im Rahmen des Gremiums TEV durch die Abteilung Produktionsvorbereitung. Im Zuge der Antragstellung wird diese Abteilung nicht in die Wahl des SOLL-Einsatzes einbezogen. Da genehmigte Änderungsanträge nicht mehr abgeändert werden dürfen, hat eine Anpassung des SOLL-Einsatzes eine erneute Genehmigung durch die Baureihe zur Folge.

Des weiteren ist der kritische Pfad im Änderungsmanagement mit 80 Teilprozessschritten aufgebläht und anfällig für Verzögerungen.

Seitens der Kommunikation

Eine Kommunikation über das Änderungsbegehren findet nur eingeschränkt oder zu spät statt. Nicht abgestimmte SOLL-Einsatztermine verursachen in der Umsetzung des genehmigten Änderungsantrags den größten Arbeitsaufwand. Sofern SOLL-Einsatztermine bereits bei Antragstellung unter den Prozessbeteiligten abgestimmt werden, entsteht wesentlich weniger, nachträglicher Koordinationsaufwand und der Durchlauf von Änderungsanträgen wird beschleunigt.

7 Kompensation der Störeinflüsse als Handlungsansätze

In der untersuchten Literatur werden die Handlungsansätze untergliedert in:

- Ablauforganisation,
- Aufbauorganisation,
- Änderungsmanagement,
- Projektmanagement und
- Wissensmanagement

Die in Kapitel 6 identifizierten Störeinflüssen müssen im Zuge der Erarbeitung eines proaktiven Anlaufmanagements durch die übergeordneten Handlungsansätze beseitigt werden. Dabei werden, im Gegensatz zur untersuchten Literatur, alle Teilprozesse innerhalb des Anlauf- und Änderungsmanagements berücksichtigt. Nachfolgend sind die wichtigsten und bezüglich ihrer Umsetzbarkeit möglichen Handlungsansätze herausgestellt.

Handlungsansatz Ablauforganisation

Durch die dezentralisierte Qualitätsverantwortung in den Cost Centern, der Unternehmensqualität und der Abteilung Produktion Gesamtfahrzeug Qualität ist eine durchgängige Bauteilverfolgung nicht gegeben. Der zeitpunkt- und bauteilspezifische Übergang der Bauteilverantwortung von der Entwicklung in das Produktions-Ressort ist darüber hinaus Ursache von Doppelarbeit und manuellem Systemabgleich. Die Verwendung eines einheitlichen IT-Systems bezüglich Bauteilplanung und Verwaltung von Teileständen ist deshalb anzustreben. Alternativ haben sich automatisierte Schnittstellen als einfacher und kostengünstiger Weg zur Umgehung von Doppelarbeit herausgestellt. Im Zuge der Analyse der IST-Situation im Anlauf- und Änderungsmanagement hat sich herausgestellt, dass die Entwicklungsstückliste nicht in dem vorgesehenen Ausmaß Anwendung findet, da die Fertigungsstückliste auch anhand der Freigaben erstellt werden kann. Somit steht der hohe Aufwand zur Erstellung und Aktualisierung der ESL nicht mehr im angemessenen Verhältnis zu deren Nutzen. IT-Systeme sollten somit vereinheitlicht und verschlankt werden.

Handlungsansatz Aufbauorganisation

Bezüglich Gremien kann festgehalten werden, dass diese aufgrund der gewachsenen räumlichen Entfernungen und der sich häufenden Beanstandungen in den Vorserien bezüglich ihrer Kompetenzen nachjustiert werden müssen. Im Zuge der Final-Auditdurchsprache ist es Entwicklungsvertretern nur bedingt möglich, den Fertigungsstandort Leipzig aufzusuchen. Die Nutzung der Video-Übertragung kann Abhilfe schaffen.

Redundante Gremien mit jeweils eigenen Listen müssen zur Erreichung der Effizienz- und Effektivitätsziele beseitigt werden.

Handlungsansatz Änderungsmanagement

Die Prozesse im Änderungsmanagement konnten aufgrund der erstmaligen ganzheitlichen Darstellung als überarbeitungswürdig identifiziert werden. Im Vorfeld der Antragstellung werden Änderungsbegehren nicht ausreichend genug detailliert. Unter dem Änderungsantrag werden sämtliche Änderungen zusammengefasst, die eine erneute Bauteilfreigabe bedingen. Eine weitere ursachengerechte Unterteilung der Änderungsanträge ist anzustreben.

Änderungsanträge können nach Klassifizierungen wie technisch erforderlich, oder finanziell erforderlich unterteilt werden.

Zur Beschleunigung der Abarbeitung können Änderungsanträge mit technischer Notwendigkeit priorisiert werden. Gerade in den Vorserien kann somit im Falle von bauteilbedingten Maßnahmen schnell reagiert werden, da diese technisch erforderlich sind. Somit können Teilprozesse der Änderungsumsetzung bereits vor Änderungsgenehmigung gestartet werden und führen so zu einer deutlichen Reduzierung der Durchlaufzeit gegenüber der sequentiellen Ausführung der Teilprozessschritte. Das Problem der nicht-abgestimmten SOLL-Einsatzdaten wird hierdurch ebenfalls eliminiert.

Abbildung 44 verdeutlicht die Vorgehensweise der simultanen Änderungsabwicklung, wie sie vorzufinden ist:

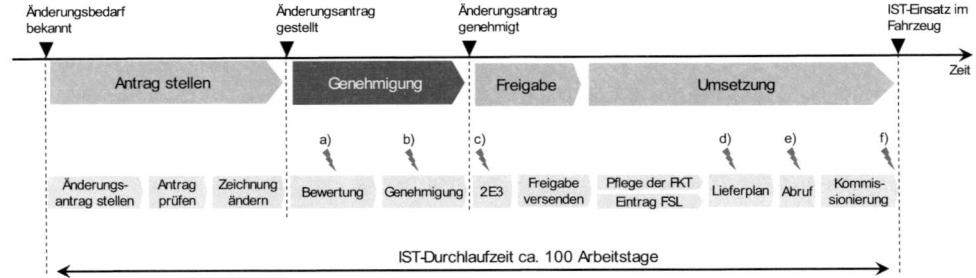

Abbildung 44: Ausgangssituation Änderungsantrag

Zusammenfassend lassen sich nochmals die Hauptprobleme festhalten:

a) Bewertung: Keine Mitsprache der Disposition bzgl. IST-Einsatz bei der Bewertung

b) Genehmigung: Genehmigung bewertet nur nach finanziellen Aspekten und nicht nach technischen Gesichtspunkten

c) Freigabe 2E3: Zeitverzug zwischen Änderungsgenehmigung und Versand Freigabe

d) Lieferplan anlegen: Lieferplan könnte u. U. auch vor Freigabe angelegt werden.

e) Abruf: Durch lange Prozessdauer häufig Prototypenbeschaffung notwendig

f) IST-Einsatz: Durch nicht im Vorfeld plausibilisierte Einsatztermine Nach-Genehmigung und manueller Aufwand notwendig

Abbildung 45 zeigt den optimierten Prozess der Änderungsabwicklung bzgl. technisch begründeter Änderungen:

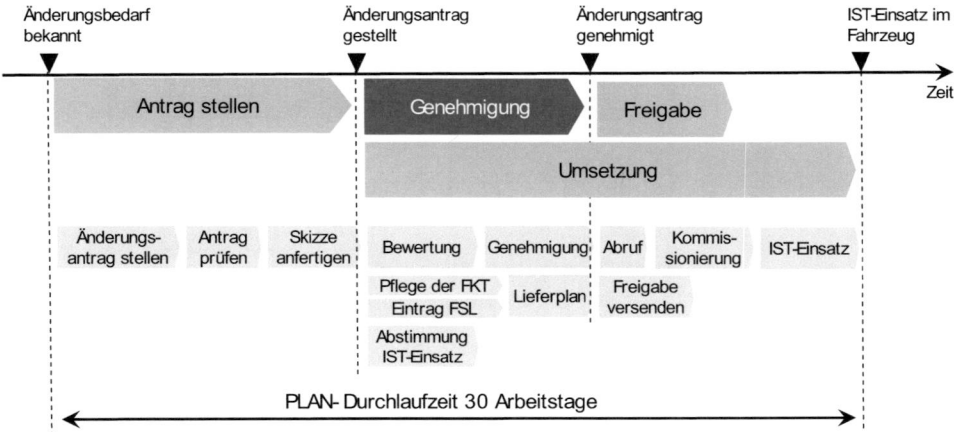

Abbildung 45: Verbesserungsvorschlag Änderungsantrag

Sofern der änderungsverantwortliche Baureihenvertreter die Rolle des Prozesstreibers ganzheitlich wahrnimmt, kann durch die simultane Vorgehensweise und die Priorisierung die Durchlaufzeit deutlich von ca. 100 Arbeitstagen auf 30 Arbeitstage erreicht werden.

Der Wert von 30 Arbeitstagen entspricht dabei bereits erreichten Durchlaufzeiten, sofern der Bauteilverantwortliche die Rolle des Prozesstreibers wahrnimmt und unter hohem Aufwand eine Priorisierung seines Änderungsantrages bei den bearbeitenden Abteilungen und den simultanen Prozessablauf sicherstellt.

Handlungsansatz Projektmanagement

Um das Verständnis der Vorgänge im Anlauf- und Änderungsmanagement im Unternehmen zu etablieren, kann die erarbeitete Analyse in der Schulung von Mitarbeitern Anwendung finden. Gerade in Bezug auf übergreifende Prozesse und Projektdenken kann so ein ganzheitliches Verständnis geschaffen werden, wodurch Doppelarbeit und Ursachensuche vermieden werden kann.

Handlungsansatz Wissensmanagement

Die Weitergabe von Beanstandungen aus Bemusterung und Audit an den BTV erfolgt nicht mehr ausschließlich über das System der Entwicklungsfortschrittsliste. Es werden im Prozess alternative Wege genutzt, die eine geordnete Erfassung und Abarbeitung von Problempunkten erschweren. Diese alternativen Kommunikationswege sind entstanden, um die Zuweisung zum BTV zu beschleunigen. Durch die Nutzung des CAQ-Systems in Entwicklung und Produktion werden diese Alternativwege überflüssig. Eine einheitliche Verwendung des CAQ-Systems vereinfacht den Prozess der Kommunikation von Problempunkten erheblich und ist darüber hinaus kostengünstig zu realisieren.

8 Zusammenfassung

Der Prozess Anlauf- und Änderungsmanagement innerhalb Dr.-Ing. h.c. F. Porsche AG wurden vor dieser Untersuchung nicht ganzheitlich erfasst und betrachtet. Infolge dessen war es nur wenigen Prozessbeteiligten möglich die komplexen Vorgänge zu überblicken und Wirkzusammenhänge zu identifizieren. Aus dem Wunsch das Anlauf- und Änderungsmanagement allumfassend darzustellen und zu verstehen, entstand diese Studie.

Ausgehend vom aktuellen Stand der Literatur, in dem die vorherrschende Situation aufgearbeitet wurde, konnten allgemeine Störeinflüsse im Anlauf- und Änderungsmanagement dargestellt werden.

In der IST-Analyse erfolgte im ersten Schritt die Untergliederung der Prozesse analog der untersuchten Literatur. Zusammenfassend ergibt die Analyse, dass die Prozesse im untersuchten Prozess einen hohen Grad an Komplexität aufweisen. Dazu zählt, dass nicht nur der Prozess aufgrund seiner vielen unterschiedlichen Teilprozesse, sondern auch in Bezug auf die Informationen große Unübersichtlichkeit herrscht.

Es wurde gezeigt, dass eine Vielzahl von möglichen Störeinflüssen eine Zielerreichung der komplizierten Vorgänge deutlich erschwert. Aus den Störeinflüssen wurden Handlungsansätze erarbeitet, die für das betrachtete Unternehmen als konkrete Entscheidungsgrundlage genutzt werden können. Sie befähigen allerdings nicht alleine dazu, alle in der IST-Analyse aufgezeigten Störeinflüsse im Anlaufmanagement zu beseitigen. Dies liegt mitunter daran, dass viele Schwachstellen informationeller Art sind und nicht durch technische, sondern ebenfalls organisatorische Maßnahmen angegangen werden müssen. Die Handlungsansätze zeigen eher langfristig orientierte Strategien auf, um den Schwachstellen im Unternehmen entgegenzuwirken. Hier wird deutlich, dass zukünftig der Grad der Vernetzung zwischen den Ressorts und Abteilungen noch zunehmen muss.

8.1 Schlussfolgerung und Ausblick

Die aufgezeigten Handlungsansätze müssen umgesetzt werden, um das Anlauf- und Änderungsmanagement innerhalb der Porsche AG bezüglich der gestiegenen Bedeutung im Zuge der sich stetig verkürzenden Entwicklungszeiten an die Erfordernisse des Marktes anzupassen.

Auf kurzfristige Sicht können Handlungsansätze die Bewältigung des Prozesses deutlich vereinfachen und zu verbesserten Ergebnissen führen. Hierzu sind die erarbeiteten Handlungsansätze weiter zu konkretisieren und ihrer Umsetzung zuzuführen. Im Rahmen von weiteren Untersuchungen kann die Darstellung der Prozesse im Anlauf- und Änderungsmanagement deutlich detailliert werden, um anhand derer eine Schulungsunterlage zu erstellen. Dies würde dazu beitragen, das mangelnde Prozessverständnis zu beseitigen und ein Verständnis für die Informationsbedarfe der gesamten Kette im Prozess schaffen. Die aktuell vorherrschenden Problemen könnten so gelöst werden.

Zukünftig weiter sinkenden Entwicklungszeiten und -budgets bei steigender Komplexität der Produkte kann nur mit einem steigenden Anteil der digitalen Entwicklung und Prozesserprobung sinnvoll begegnet werden. Somit könnten im Vorfeld des Anlaufs Änderungs- und Abstimmungsaufwände deutlich verringert werden.

9 Anhang

9.1 Analyse der untersuchten Literatur

Tabelle 1: Literaturüberblick über Handlungsansätze im Produktionsanlauf Teil 1

Nr.	Autoren	Handlungsansätze							Branchen		
		Ablauforganisation	Aufbauorganisation	Änderungsmanagement	Projektmanagement	Qualitätsmanagement	Wissensmanagement	Automobilindustrie	Elektroindustrie	Maschinen- und Anlagenbau
1	Almgren 1999 [Al99]	●	●					●		
2	Abele et al. 2003 [AER03]				●	●		●	●	
3	Bischoff 2007 [B07]	●	●	●	●	●	●	●		
4	Bungard/ Hofmann 2009 [BH09]	●	●		●			●	●	
5	Baumgarten/ Risse 2001 [BR01]				●			●		
6	Bürgel et al. 1998 [BBB98]			●	●			●		
7	Bullinger et al. 2003 [BHK-P03]	●			●			●	●	
8	Di Benedetto 1999 [D99]			●				●		
9	Ender 2009 [E09]							●		
10	Fleischer et al. 2003 [FSL03]					●		●		
11	Fleischer et al. 2004 [FNLWW04]	●				●	●			
12	Hofmann/ Bungard 1995 [HB95]		●		●			●		
13	Heßen/ Franke 1998 [HF98]	●	●					●		
14	Hab/ Wagner 2006 [HW06]				●			●		
15	Harjes et al. 2004 [HBH04]	●		●				●	●	
16	Housein et al. 2002 [HLW02]							●	●	●	●
17	Haller et al. 2003 [HPT03]	●							●	
18	Hinrichs/ et al. 2004 [HRH04]	●				●	●			
19	Huang et al. 2003 [HYM03]				●					
20	Jania 2004 [J04]				●			●		

Tabelle 2: Literaturüberblick über Handlungsansätze im Produktionsanlauf Teil 2

Nr.	Autoren	Lösungsansätze							Branchen		
		Ablauforganisation	Aufbauorganisation	Änderungsmanagement	Projektmanagement	Qualitätsmanagement	Wissensmanagement	Automobilindustrie	Elektroindustrie	Maschinen- und Anlagenbau
21	Klinker/ Risse 2002 [KR02]	•	•			•				•
22	Kersten et al. 2005 [KSZ05]						•			
23	Kuhn et al. 2002 [KWESW02]	•	•	•			•	•	•	•
24	Laick 2003 [L03]	•	•		•	•		•		
25	Laick/ Warnecke 2002 [LW02]	•					•	•		
26	Laick et al. 2003 [LWA03]	•						•		
27	Matthes/ Voggenreiter 1998 [MV98]			•						•
28	Meier et al. 2004 [MHS04]	•	•						•	•
29	Nyhuis et al. 2007 [NHW07]				•					
30	Pfohl/ Gareis 2000 [PG00]	•	•					•		
31	Risse 2003 [R03]	•	•	•	•		•	•		
32	Reichwald et al. 2004 [RTL04]				•		•	•		
33	Schieferer 1957 [S57]					•		•		
34	Scherer 1998 [S98]	•	•			•		•		
35	Schmahls 2001 [S01]		•					•		
36	Scharer 2002 [S02]					•	•			•
37	Schneider/ Lücke 2002 [SL02]							•	•	•
38	Spath et al. 2003 [SFL03]				•	•				
39	Specht et al. 2005 [SNF05]	•	•	•	•	•				
40	Spath et al. 2001 [SLFS01]				•			•		

Tabelle 3: Literaturüberblick über Handlungsansätze im Produktionsanlauf Teil 3

Nr.	Autoren	Lösungsansätze						Branchen		
		Ablauforganisation	Aufbauorganisation	Änderungsmanagement	Projektmanagement	Qualitätsmanagement	Wissensmanagement	Automobilindustrie	Elektroindustrie	Maschinen- und Anlagenbau
41	Schuh et al 2002 [SRAD02]			•	•			•	•	•
42	Scholz-Reiter et al. 2005 [S-RHK05]			•			•			
43	Scholz-Reiter et al. 2004 [S-RHKK04]	•		•			•	•		
44	Terwiesch/ Bohn 2000 [TB00]	•							•	
45	Terwiesch et al. 2001 [TBC01]	•	•						•	
46	Urban/ Stirzel [US05]			•						
47	Voigt/ Thiell 2005 [VT05]			•	•		•	•	•	•
48	v. Wangenheim 1998a [vW98a]	•	•		•			•		
49	v. Wangenheim 1998b [vW98b]	•	•		•			•		
50	Wiesinger/ Housein 2002 [WH02]	•	•	•				•	•	•
51	Wildemann 2004 [Wi04]							•	•	
52	Wildemann 2005 [Wi05]	•	•		•			•		
53	Wildemann 2010 [Wi10]			•			•			
54	Wiendahl et al. 2002 [WHW02]							•	•	•

9.2 Anlaufplanung durch Gremien

SE-Team

Interdisziplinäres Gremium zur Umsetzung/ Steuerung eines in einem Teamauftrag definierten Entwicklungsumfangs.

Aufgaben	Kompetenzen	Verantwortung
• konzeptionelle und konstruktive Gestaltung der Bauteile bis zur Serienreife • unter Berücksichtigung der Kunden-/ Qualitätsanforderungen (u.a. fertigungsgerechte Produktgestaltung, montage- und demontagegerechte Gestaltung, Poka Yoke) • Planung des fehlerfreien Verbaus der Teile im Band • Mitwirkung bei FMEAs, Lieferantenaudits, und PAK-Analysen • Definition und Umsetzung von Maßnahmen zur Beseitigung von Qualitätsproblemen • Vereinbarung von QS-Konzepten und Prozessfähigkeitskriterien mit den Lieferanten • Herbeiführung und Absicherung der Produktionsprozess- und Produktfreigabe (PPF) für Kaufteile (Bauteile, Module und Systeme)	• Abnahme der FMEA beim Lieferanten und Nachverfolgung der definierten Maßnahmen • Beurteilung der Qualitätsfähigkeit der Lieferanten (Audit) • Bewertung der Toleranzanalysen • Beurteilung des Produkt- und Prozessreifegrades für Kaufteile auf Basis der Quality-Gate-Systematik • Nur Konzept- oder Gesamtfahrzeug-Team: • Qualitative Beurteilung und Bewertung von Exterieur- und Interieurstyling aus Q-Sicht • Bestätigung DKM und Fugenplan aus P-Sicht unter Qualitätsgesichtspunkten	• adaptive Verfolgung Bemusterungstermine (ggf. auch bei Sublieferanten) und Sicherstellung der Bemusterungsterminseinhaltung • Zentraler Ansprechpartner für Qualität im SET

I. Anlaufgespräch Sportwagen

Ab Start PVS wird eine regelmäßige und direkte Abstimmung der beteiligten Produktionsbereiche durchgeführt, d. h. Information bzgl. Problempunkten in der Produktion und Abstimmung von Maßnahmen (ggf. bereichsübergreifend) mit dem Ziel einer zeitnahen Umsetzung. Die Durchführungsverantwortung obliegt dem Anlaufmanagement.

Aufgaben	Kompetenzen	Verantwortung
• Verfolgung und Überwachung der Berichtsgröße Qualität anhand Produktabschnittsaudit, Finalaudit und DKA • Festlegung der Fahrzeuge, welche einer zusätzlichen Absicherungsfahrt (Straße zusätzlich zur Rolle) durch die Anlaufvorbereitung unterzogen werden • Vorstellung der Top 10 Fehlerpunkte aus der vorherigen Produktionswoche und der eingeleiteten Abstellmaßnahmen durch die festgelegten Planungsbereiche • Festlegung von Maßnahmen bei Abweichungen und Verfolgung der Erledigungstermine	• Festlegen von Maßnahmen bei Abweichung der Berichtsgrößen • Festlegung von erforderlichen Nacharbeitsaktionen im Produktionsbereich	• Sicherstellung von qualitativen und quantitativen Zielvorgaben ggf. Eskalation

I. Anlaufgespräch Cayenne

Ab Start PVS wird eine regelmäßige und direkte Abstimmung der beteiligten Produktionsbereiche durchgeführt, d. h. Information bzgl. Problempunkten in der Produktion und Abstimmung von Maßnahmen (ggf. bereichsübergreifend) mit dem Ziel einer zeitnahen Umsetzung. Die Durchführungsverantwortung obliegt dem Anlaufmanagement.

Aufgaben	Kompetenzen	Verantwortung
• Verfolgung und Überwachung der Berichtsgröße Qualität anhand Produktabschnittsaudit, Finalaudit und DKA • Festlegung der Fahrzeuge, welche einer zusätzlichen Absicherungsfahrt (Straße zusätzlich zur Rolle) durch die Anlaufvorbereitung unterzogen werden • Vorstellung der Top 10 Fehlerpunkte aus der vorherigen Produktionswoche und der eingeleiteten Abstellmaßnahmen durch die festgelegten Planungsbereiche • Festlegung von Maßnahmen bei Abweichungen und Verfolgung der Erledigungstermine	• Festlegen von Maßnahmen bei Abweichung der Berichtsgrößen • Festlegung von erforderlichen Nacharbeitsaktionen im Produktionsbereich	• Sicherstellung von qualitativen und quantitativen Zielvorgaben ggf. Eskalation

II. Teamdurchsprache PEP/ Finalaudit, Auditdurchsprache

Die Teamdurchsprache ist ein Informationsgremium. Die betroffenen Entwicklungsverantwortlichen werden über die Ergebnisse der durchgeführten Audits an Baustufen-, VVS, PVS und Nullserienfahrzeugen informiert. In Leipzig heißt dieses Gremium Finalaudit/ Auditdurchsprache. Dort nehmen zusätzlich noch verschiedene Abteilungen der PLG teil.

Aufgaben	Kompetenzen	Verantwortung
• Durchführung von Auditdurchsprachen: Vorstellung der Beanstandungen und finale Klärung von Verursachern • Empfehlung zur Umsetzung von Maßnahmen • neutrale/ objektive Darstellung der Themen • Feststellung konfliktärer Themen zur Eskalation an Unternehmensqualität/Q-Lenkungskreis • Beurteilung der Qualitätsentwicklung über die Zeit	• Beurteilung der Produktqualität aus Kundensicht • Priorisierung der Beanstandungen aus Kundensicht • Bestätigung der Wirksamkeit von Maßnahmen • Freigabe von Qualitätsstandards und -Maßstäben (insbesondere subjektiver Merkmale) • Beurteilung der Qualitätsentwicklung über die Zeit • Beauftragung von Maßnahmen an das SE-Team über den PL • Prognose der Zielerreichung für die jeweilige Anlaufphase • Beauftragung einer Fehleranalyse	• Zielerreichung im Abgleich mit dem Qualitätsstandard • Zielerreichung der Auditziele während der Vorserien bis 3 Monate nach SOP

III. Pilothalle Sportwagen

Im Pilothallengespräch (PH) wird den Bereichs-Vorständen (hier E, F, P), den Hauptabteilungs-, den Baureihen- und den Abteilungsleitern der aktuelle Projektstand vorgetragen. Die Leitung des Pilothallengesprächs erfolgt durch das Anlaufmanagement.

Aufgaben	Kompetenzen	Verantwortung
• Aufzeigen von im Kernteam festgelegten Problempunkte an Hand von Themenblättern und Musterteilen durch den Technikprojektleiter • Präsentation des Bemusterungsstandes durch die Qualitätsplanung und der erreichten Auditnoten durch die Unternehmensqualität • Beauftragung des SE- bzw. Kernteams-Anlauf oder LA-Anlauf zur Durchführung von Maßnahmen • Überprüfung und Erteilung von Sonderfreigaben	• Anpassung Inhalte Vorserien • Terminänderungen der Vorserie, SOP-Terminänderungen für I-Nr. und Teileumfänge • Festlegen von Sondermaßnahmen bei vorliegenden Problemen (z.B. Einsatz einer Task-Force). • Festlegung von Maßnahmen/Zusatzmaßnahmen und damit verbundenen Zusatzkosten zur Verbesserung der Qualität • Genehmigung von Abweichungen	• Sicherstellung SOP ggf. Eskalation von Schwerpunktthemen in den VAP

III. Pilothalle Cayenne/ Panamera

Im Pilothallengespräch (PH) wird den Bereichs-Vorständen (hier E, F, P), den Hauptabteilungs-, den Baureihen- und den Abteilungsleitern der aktuelle Projektstand vorgetragen. Die Leitung des Pilothallengesprächs erfolgt durch das Anlaufmanagement.

Aufgaben	Kompetenzen	Verantwortung
• Anpassung Inhalte Vorserien • Terminänderungen der Vorserie, SOP-Terminänderungen für I-Nr. und Teileumfänge • Festlegen von Sondermaßnahmen bei vorliegenden Problemen (z.B. Einsatz einer Task-Force). • Festlegung von Maßnahmen/Zusatzmaßnahmen und damit verbundenen Zusatzkosten zur Verbesserung der Qualität • Genehmigung von Abweichungen	• Anpassung Inhalte Vorserien, Terminänderungen der Vorserie, SOP-Terminänderungen für I-Nr. und Teileumfänge; Zusatzmaßnahmen und der damit verbundenen Zusatzkosten zur SOP-Zielerreichung	• Sicherstellung SOP ggf. Eskalation von Schwerpunktthemen in den VAP

IV. Jour Fix Bemusterung

Im Jour Fix Bemusterung wird die Einhaltung der Freigabe- und Bemusterungstermine auf Bauteileebene gemäß Eckterminplan und der Bemusterungsstatus gemäß Q-Gate verfolgt. Die Durchführungsverantwortung obliegt dem Anlaufmanagement.

Aufgaben	Kompetenzen	Verantwortung
• Durchsprache aller projektbezogenen Neuteile bzgl. Freigabe, Erstmustertermine, Teilebereitstellungstermine • Aufzeigen von Zielkonflikten, die eine termingerechte u. umfassende Bemusterung/SFN der Kaufteile gefährden • Festlegung von Maßnahmen bei Nichterreichung der Bemusterungsdaten	• Eskalation der nicht statusgerechten Kaufteile	• Termingerechte Auswertung u. Vorlage der fahrzeugprojektbezogenen „KEFA" Bemusterungsstatus im KT-Anlauf • Pflichtpräsenz mit Vorstellung der kritischen Punkte im Jour Fix über jeweiligen Qualitätsplaner.

V. Änderungsgespräch Sportwagen

Im Änderungsgespräch werden geplante Änderungen durch Änderungsanträge beschrieben und der Lösungsansatz bzw. Alternativen ressortübergreifend zur Entscheidung gebracht. Die Durchführungsverantwortung obliegt der Gesamtfahrzeug- Projektleitung Baureihe.

Aufgaben	Kompetenzen	Verantwortung
• Prüfung der Vorgänge auf Vollständigkeit/ Plausibilität hinsichtlich: Notwendigkeit von Änderungen, Vorgangsart, Serieneinsatztermin, zu verrechnendes Projekt, Index- oder Änderungsstandswechsel, Aufbrauch oder Verschrottung von Restbeständen inkl. Kosten • Erteilen von Arbeitsaufträgen (Prüfauftrag, Nachverhandlung, Nachtrag stellen, Information an Fachbereiche, Korrekturen usw.) • Entscheidung über ÄA/ BA/ KVA • Prüfung/ Bestätigung Inhalt des Antrages • Entscheidungen dokumentieren • Nachverfolgung der definierten Maßnahmen	• Entscheidung über (qualitätsbedingte) Änderungsanträge, Bauabweichungen, Kostenverrechnungsanträge • Genehmigung von (qualitätsbedingten) Änderungsbegehren unterhalb der VAP-Grenze	• Abwägung der Änderungskosten und der technischen Notwendigkeit nach PAG Interessen und Zielen • Eskalation kritischer Themen in den BB- bzw. BC-Kreis • Prüfung Inhalte und Daten • Prüfung auf korrekte und vollständige Bewertung

VI. Teiletisch

Mit der Bauteilabnahme (Teiletisch) soll sichergestellt werden, dass der aktuelle freigegebene Teilestand im Fahrzeug verbaut wird. Die Durchführungsverantwortung obliegt dem Projektleiter Produktion. Den Teiletisch gibt es in gleicher Weise auch in Leipzig mit teilweiser Besetzung durch Teilnehmer der Porsche AG

Aufgaben/ Kompetenzen	Kompetenzen	Verantwortung
• Begutachtung der Teile auf aktuellen Bauzustand und soweit möglich bezüglich Qualität durch Technikprojektleiter bzw. SE-Teamleiter, Vertreter der Qualitätssicherung und dem Bauteileverantwortlichem • Bestätigung der zu verbauenden Teile bei Abweichungen • Einleitung kurzfristiger Änderungen an den Bauteilen bei Bedarf • Kurzfristiger Austausch von Bauteilen bei Bedarf	•	• Eskalation gravierender Abweichungen in KT-/LA-Anlauf und Erarbeitung von Abhilfemaßnahmen

VII. Aktionstag Lieferanten

Beim Aktionstag Lieferanten stellen die jeweiligen eingeladenen Lieferanten ihren aktuellen Status bezogen auf Bemusterung und Teileversorgung dem Baureihenleiter, den Hauptabteilungsleitern und dem Anlaufmanagement vor. Die Leitung des Aktionstages Lieferanten erfolgt durch den Einkauf und die Qualitätsplanung Kaufteile

Aufgaben	Kompetenzen	Verantwortung
• (vorab) Ermittlung der kritischen Lieferumfänge und Lieferanten in Abstimmung mit SE-Team • Vorbriefing Lieferanten über Themenblätter und standardisierten Fragenkatalog • Aufzeigen von u.a. im Kernteam festgelegten Problempunkten an Hand von Themenblättern durch den Lieferanten	• Festlegung von Sondermaßnahmen bei vorliegenden Problemen (z.B. Einsatz einer Task-Force) • Festlegung von Maßnahmen zur Verbesserung der Qualität	• Sicherstellung aller Voraussetzungen, terminlich, fachlich, organisatorisch, zur Erreichung der Zielvorgabe „optimale Anlaufsicherung" in Bezug auf Qualität

VIII. Teileeinsatzsteuerung Vorserien (kurz: TEV)

Aufgaben	Kompetenzen	Verantwortung
• Verfolgung von Änderungsanträgen • Bestimmung über Beschaffungsverantwortung einsatzsteuerrelevanter Änderungen	• Entscheidung über IST-Einsätze von Änderungsanträgen	• Abstimmung der möglichen Einsatztermine von Änderungsanträgen

IX. Bauteilabstimmung (kurz: BAG) Vorserie oder auch Erstmuster-Termin-Runde (kurz: EMT-Runde) bezüglich VW-Gleichteile

Die Teileversorgung für die jeweilige Vorserie wird im Bauteilabstimmungsgespräch Vorserie abgestimmt. Die Durchführungsverantwortung obliegt der Anlaufvorbereitung

Aufgaben	Kompetenzen	Verantwortung
- Definition der Bauteile [Vgl. Neuteile] zur entsprechenden Vorserie auf Kaufteilebene - Ermittlung des Bauteilstatus zur Vorserie [Vgl. Serienwerkzeug/ Hilfswerkzeug] -> BTV, Einkauf - Definition des Teilebeschaffers [Vgl. Disposition oder Bauteileteam] -> BAG - Abgleich Anliefertermin zum gesetzten Teilebeschaffungstermin und ggf. Einleitung von Maßnahmen ->BAG - Planung und Steuerung genehmigter Änderungsanträge [Vgl. Änderungsmanagement PEP] -> TEV - Dokumentation Teilestatus und alternativer Bauteile im FSI	- Sicherstellen der notwendigen Voraussetzungen [Vgl. Freigabe, Lieferplan, etc.] vor Start einer Vorserie - Definition der Beschaffung (was wird über System beschafft und was normal)	- Sicherstellung der Teileverfügbarkeit zum termingerechten Aufbau der Vorserienfahrzeuge - Festlegung abweichender Teilebeschaffungstermine/ -abläufe in begründeten Einzelfällen -> TEV - Festlegen des Teilebeschaffers in Grenzfällen ->TEV

X. Kernteam Anlauf Cayenne/ Panamera

Das Kernteam Anlauf (kurz: KT-Anlauf) ist für den operativen Anlauf, bezogen auf die bereichsübergreifenden Themen verantwortlich, d. h. Durchsprache aller anlaufrelevanten Themen, Aufzeigen von Problempunkten und Festlegung von bereichsübergreifenden Maßnahmen. Gestaffelt nach Fachbereich („KEFA") findet wöchentlich eine Abstimmungsrunde statt. Die Leitung des KT wird vom Leiter Anlaufmanagement durchgeführt. Er berichtet bei Abweichungen und Problemen dem LA-Anlauf bzw. im P-Kreis Planung und Projekte.

Aufgaben	Kompetenzen	Verantwortung
• Überprüfung Einhaltung der im Lastenheft formulierten Qualitätsziele und ggf. Festlegung von Maßnahmen • Verfolgung kritischer Umfänge bzgl. Freigabe, Werkzeugerstellung, Bemusterung und SFN	• Beauftragung von Maßnahmen bei auftretenden Problemen an die betroffenen SE-/Fabrikplanungs-Teams und Linienbereiche • Entscheidung von im Kernteam vorgestellten technischen Lösungen	• Einhaltung der im Lastenheft formulierten Qualitätsziele

X. Kernteam Anlauf Sportwagen

Das Kernteam Anlauf (KT-Anlauf) ist für den operativen Anlauf, bezogen auf die bereichsübergreifenden Themen verantwortlich, d. h. Durchsprache aller anlaufrelevanten Themen, Aufzeigen von Problempunkten und Festlegung von bereichsübergreifenden Maßnahmen. Gestaffelt nach Fachbereich („KEFA") findet wöchentlich eine Abstimmungsrunde statt. Die Leitung des KT wird vom Leiter Anlaufmanagement durchgeführt. Er berichtet bei Abweichungen und Problemen dem LA-Anlauf. Allgemeine Punkte: Anzahl Änderungsanträge, Fahrzeugstrukturänderungen, Freigaben, Status TOP EFL und Produktions-EFL, Status Bemusterung und Stand Plantermine, Status Audit, Status werkzeugfallende Kaufteile, Status Teileversorgung, Status Fertigungsfortschritt.

Aufgaben	Kompetenzen	Verantwortung
• Überprüfung Einhaltung der Qualitätsziele gegebenenfalls Festlegung von Maßnahmen • Verfolgung kritischer Umfänge bzgl. Freigabe, Werkzeugerstellung, Bemusterung • Bauteile mit Note 6 werden im Kernteam vorgestellt. Legitimation der Anlieferung nicht statusgerechter Bauteile erfolgt nach Entscheid durch das Kernteam per Abweicherlaubnis (AE) oder Bauabweichung (BA). Die AE wird durch den entsprechenden Q-Planer erstellt und an den Lieferanten übermittelt.	• Beauftragung von Maßnahmen bei auftretenden Problemen an die betroffenen SE-/Fabrikplanungs-Teams und Linienbereiche • Entscheidung von im Kernteam vorgestellten technischen Lösungen. Vorstellung der neuen Kostenänderungsanträge	• Einhaltung der im Lastenheft formulierten Qualitätsziele

XI. Lenkungsausschuss Anlauf Cayenne/ Panamera

Der Lenkungsausschuss (LA) Anlauf Panamera/Cayenne koordiniert Fahrzeuganläufe bezüglich anlaufrelevanter Themen (z. B. Einplanung/Einplanungsfreigaben, Stückzahlen/Kammlinie, Termine). Der LA-Anlauf ist direkt der VS untergeordnet und berichtet in regelmäßigen Abständen der Vorstandssitzung (VS)

Aufgaben	Kompetenzen	Verantwortung
• Kenntnisnahme und Bestätigung der wichtigen Maßnahmen, die im Kernteam getroffen wurden • Genehmigung von Sondermaßnahmen (z.B. Einsatz einer Task Force) • Synchronisation Leipzig, Bratislava (Cayenne), Hannover (Panamera) /Auftragsfertigung/Zuffenhausen bezogen auf technische Problemlösungen • Bericht an VS	• Veranlassung Sperrung/Aktionen in Absprache mit der Unternehmensqualität, Produktionsqualität und Vertrieb • Entscheidung über Prio 1 Problemlösungen (Eskalationspunkte aus Kernteam) • Beauftragung von Maßnahmen bei den zuständigen Hauptabteilungsleitern • Genehmigung von Sondermaßnahmen (z. B. Task Force)	• ressortübergreifende Anlaufverantwortung • Festlegung von Sondermaßnahmen bei Abweichung bezogen auf Qualität, Stückzahl, Kosten und Lieferservice

XI. Lenkungsausschuss Anlauf Sportwagen

Der Lenkungsausschuss Anlauf (LA Anlauf) koordiniert Fahrzeuganläufe bezüglich anlaufrelevanter Themen (z.B. Einplanung/ Einplanungsfreigaben, Stückzahlen/ Kammlinie, Termine).. Der LA Anlauf ist direkt der VS untergeordnet und berichtet in regelmäßigen Abständen der Vorstandssitzung (VS)

Aufgaben	Kompetenzen	Verantwortung
• Kenntnisnahme und Bestätigung der wichtigen Maßnahmen, die im Kernteam getroffen wurden • Genehmigung von Sondermaßnahmen (z.B. Einsatz einer Task Force) • Synchronisation Auftragsfertigung (Valmet)/ Zuffenhausen bezogen auf technische Problemlösungen • Bericht an VS	• Veranlassung Sperrung/Aktionen in Absprache mit der Unternehmensqualität, Produktionsqualität und Vertrieb • Entscheidung über Prio 1 Problemlösungen (Eskalationspunkte aus Kernteam) • Beauftragung von Maßnahmen bei den zuständigen Hauptabteilungsleitern • Genehmigung von Sondermaßnahmen (z. B. Task Force)	• Festlegung von Sondermaßnahmen bei Abweichung bezogen auf Qualität, Stückzahl, Kosten und Lieferservice

Produkttag Colorado

Abstimmung mit Werkleitung zur Lösung von Serienqualitätsproblemen

Aufgaben	Kompetenzen	Verantwortung
• Ressortübergreifende Zuordnung von Q-Beanstandungen, Ableitung und Verfolgung von Lösungsmaßnahmen	• Einladung von Bauteilverantwortlichen bei Bedarf	• Sicherstellung der Zuweisung von Problempunkten

9.3 Änderungsmanagement

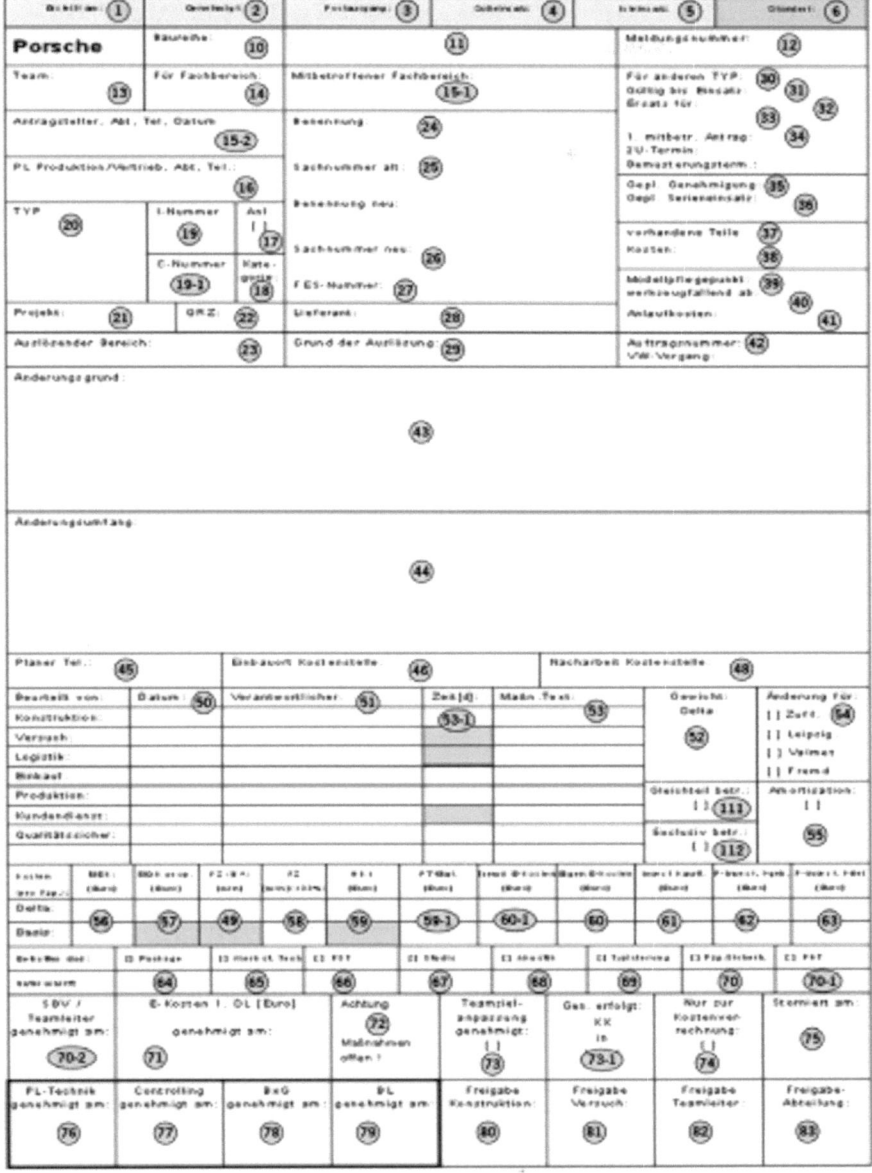

Abbildung 46: Beispiel eines Änderungsantrages

9.4 Prozessmanagement

Wer?	**Was?**	**Wo?**
Wer macht es?	Was ist zu tun?	Wo soll es getan werden?
Wer macht es gerade?	Was wird gerade getan?	Wo wird es getan?
Wer sollte es machen?	Was sollte gerade getan werden?	Wo sollte es getan werden?
Wer kann es noch machen?	Was kann noch gemacht werden?	Wo kann es noch gemacht werden?
Wer soll es noch machen?	Was soll noch gemacht werden?	Wo soll es noch gemacht werden?
Wer ist Verursacher der 3 Mu?	Welche 3 Mu werden verursacht?	Wo werden die 3 Mu verursacht?

Wann?	**Warum?**	**Wie?**
Wann wird es gemacht?	Warum wird es gemacht?	Wie wird es gemacht?
Wann wird es wirklich gemacht?	Warum soll es gemacht werden?	Wie wird es wirklich gemacht?
Wann soll es gemacht werden?	Warum soll es hier gemacht werden?	Wo soll es gemacht werden?
Wann kann es sonst gemacht werden?	Warum wird es dann gemacht?	Kann diese Methode auch in anderen Bereichen angewendet werden?
Wann soll es noch gemacht werden?	Warum wird es so gemacht?	Wie kann es noch gemacht werden?
Gibt es die 3 Mu?	Gibt es die 3 Mu in der Art zu denken?	Gibt es die 3 Mu in dieser Methode?

Abbildung 47: Sechs W-Fragen

9.5 Unterteilung Freigaben der Porsche AG

1: Freigabe zum Start der Entwicklung des Bauteils

2E: Der Status 2 löst die Erstellung der Serienwerkzeuge aus, eine Mindestanforderung der Erprobung muss erfüllt sein. Die Freigabe 2E kann in drei Phasen erfolgen:
Phase 1: (2E1): Freigabe zur Werkzeugkonstruktion
Phase 2: (2E2): Freigabe zur Beschaffung des Werkzeugrohmaterials
Phase 3: (2E3): Freigabe zur Serienwerkzeugerstellung

2U: Alle grundlegenden Anforderungen an das Bauteil hinsichtlich Funktion, Haltbarkeit, Lebensdauer, Herstellbarkeit, Qualität, Vorschriften sowie Gesetze sind erfüllt. Das Bauteil ist mit Status 2U durch die Entwicklung freigegeben. Für Bauteile ohne Werkzeugrelevanz kann ohne die Freigabe 2E gleich der Status 2U vergeben werden.

3E: Systemseitig folgt der Freigabe 2E automatisch der Status 3E. Dieser Status bleibt solange bestehen, bis die Produktionsplanung das „Gesamt i.O." erteilt. Dies erfolgt, sobald die systemseitigen Voraussetzungen erfüllt sind.

3U: Der Freigabestatus 3U wird erteilt, wenn eine positive Bemusterung der Note 1 bzw. 3 und ein positiver Mustereinbau erfolgt ist. Ist der Status 3U erteilt, sind Bauteile uneingeschränkt für die Serie bestimmt.

9.6 Meldepunktsystematik

Meldepunkt	Bedeutung
1.0	Rohkarosse fertig montiert
2.1	Lackierung Rohkarosse abgeschlossen
6.0p	Montiertes Fahrzeug, ohne Motor, Getriebe und Porsche Communication Management
8.0	Fahrzeug komplett montiert und auditiert; Bandauslauf

Literaturverzeichnis

A

[Al99] Almgren, H.: Towards a framework for analysing efficiency during start-up: An empirical investigation of a Swedish auto manufacturer. In: International Journal of Production Economics, Ausgabe 60/61, Jahrgang 1999.

[AER03] Abele, E.; Elzenheimer, J.; Rüstig, A.: Anlaufmanagement in der Serienproduktion. In: Zeitschrift für Wirtschaftlichen Fabrikbetrieb (ZWF), Ausgabe 04, 98. Jg., 2003.

[AIKTF08] Arnold, D.; Isermann, H.; Kuhn, A.; Tempelmeier, H.; Fuhrmanns, K.: Einbindung der Logistik in das Innovationsmanagement. In: Weber, J.; Baumgarten, H. (Hrsg.): Handbuch Logistik – Management von Material- und Warenflussprozessen, 3. Auflage, Schäffer-Poeschel-Verlag, Stuttgart, 2008.

B

[B77] Bernhard, R.: Änderungsdienst für Zeichnungen und Stücklisten ohne großen Aufwand. In: AV, 1977.

[B94] Boznak, R.: When Doing It Right The First Time Is Not Enough. In: Quality Progress, Juli 1994.

[B07] Bischoff, R.: Anlaufmanagement - Schnittstelle zwischen Projekt und Serie. In: Götte, S. (Hrsg.): Konstanzer Managementschriften, Band 2, Hochschule Konstanz, Konstanz, 2007.

[B08] Behr, S.: Verbesserung der Anlaufperformance durch den Einsatz von Frontloading- Maßnahmen. In: Schuh, G.; Stölzle, W.; Straube, F.: Anlaufmanagement in der Automobilindustrie erfolgreich umsetzen - Ein Leitfaden für die Praxis. Springer-Verlag, Berlin, 2008.

[BG08] Bergmann, R.; Garrecht, M.: Organisation und Projektmanagement. Physica Verlag, Heidelberg, Jahrgang 2008.

[BH09] Bungard, W.; Hofmann, K.: Anlaufmanagement am Beispiel der Automobilindustrie, in: Bullinger, H.-J.; Warnecke, H.J.; Westkämper, E. (Hrsg.): Handbuch Unternehmensorganisation – Strategie, Planung, Umsetzung, 3. Auflage, Springer-Verlag, Berlin, 2009.

[BR01] Baumgarten, H.; Risse, J.: Logistikbasiertes Management des Produktentstehungsprozesses. In: Hossner, R. (Hrsg.): Jahrbuch der Logistik 2001, Verlagsgruppe Handelsblatt, Düsseldorf, 2001.

[BBB98] Bürgel, H.D.; Binder, M.; Bayer, R.: Projektmanagement zur Optimierung der Schnittstelle Entwicklung/ Serienanlauf. In: Horváth, P.; Fleig, G. (Hrsg): Integrationsmanagement für neue Produkte, Schäffer-Pöschel Verlag, Stuttgart, 1998.

[BHK-P03]   Bullinger, H.-J.; Hab, G.; Kiss-Preußinger, E.: Automobilentwicklung in Deutschland- wie sicher in die Zukunft? Chancen, Potenziale und Handlungsempfehlungen für 30 Prozent mehr Effizienz. Fraunhofer Irb-Verlag, Stuttgart, 2003.

C

D

[D63] Dehn, K.: Zeichnungs- und Stücklisten-Änderungen, in: Konstruktion, Ausgabe 1, 1963.

[D77] Dörr, R.: Technische Änderungen: Quelle des Fortschritts oder nur ein kostspieliges Ärgernis. In: Fortschrittliche Betriebsführung und Industrial Engineering, Ausgabe 1, 1977.

[D82] Diprima, M.: Engineering change control and implementation considerations. In: Production and Inventory Management Journal, Nr. 23, Ausgabe 1, 1982.

[D98] Dixius, D.: Simultane Projektorganisation. Ein Leitfaden für die Projektarbeit im Simultaneous Engineering, Springer-Verlag, Berlin, 1998.

[D99] Di Benedetto, C.A.: Identifiying the key success factors of new product launch. In: The Journal of Product Innovation Management, Ausgabe 16, 1999.

[DH02] Daenzer, W.F.; Huber, F. (Hrsg.): System Engineering- Methodik und Praxis. 11. Auflage, Verlag Industrielle Organisation, Zürich 2002.

[DT05] Duhovnik, J.; Tavcar, J.: Engineering Change Management in individual and mass production. In: Robotics and Computer-Integrated Manufacturing, Nr. 21, 2005.

[DAK06] Denkena, B.; Ammermann, C.; Kowalski, P.: Ramp-Up time reduction in high volume production. In: Advances in Manufacturing Technology- XX, proceedings of the 4th International Conference on Manufacturing Research incorporating the 22nd National Conference on Manufacturing Research, Liverpool, 05.-07. September 2006.

[DIN199] Deutsches Institut für Normung: DIN 199 Teil 4. Ausgabe 1, 1981.

[DIN6789] Deutsches Institut für Normung: DIN 6789 Teil 3, Ausgabe 3, 1990.

[DIN69900-2009-01] Deutsches Institut für Normung: DIN 69900-2009-01 - Projektmanagement, Netzplantechnik, Beschreibungen und Begriffe, 2009.

[DIN9000] Deutsches Institut für Normung: DIN EN ISO 9000 QM-Systeme - Grundlagen u. Begriffe, 2008.

E

[E89] Eversheim, W.: Simultaneous Engineering - eine organisatorische Chance! In: VDI (Hrsg.): Simultaneous Engineering - Neue Wege des Projektmanagements. VDI-Bericht Nr. 758, Düsseldorf, 1989.

[E09] Ender, T.: Prognose von Personalbedarfen im Produktionsanlauf unter Berücksichtigung dynamischer Planungsgrößen. Dissertation 2009. In: Fleischer, J.; Lanza, G.; Munzinger, C.; Schulze, V. (Hrsg.): Forschungsberichte aus dem wbk. Bd. 150, wbk Institut für Produktionstechnik, Universität Karlsruhe (TH), Karlsruhe 2009.

[ES05] Eversheim, W. (Hrsg.); Schuh, G. (Hrsg.): Integrierte Produkt- und Prozessgestaltung. Springer-Verlag, Berlin, 2005.

F

[FSL03] Fleischer, J.; Spath, D.; Lanza, G.: Qualitätssimulation im Serienanlauf – Vorbestimmte Qualitätsfähigkeitskurven von Elementarprozessen. In: wt Werkstattstechnik online, Ausgabe 1/2, 93. Jg., 2003.

[FNLWW04] Fleischner, J.; Nyhuis, P.; Liestmann, V.; Wawerla, M.; Winkler, H.: Proaktive Anlaufsteuerung von Produktionssystemen entlang der Wertschöpfungskette. In: Industrie Management, Ausgabe 4, 20. Jg., 2004.

G

[GK08] Geiger, W.; Kotte, W.: Handbuch Qualität, Springer-Verlag, Berlin 2008.

H

[HB95] Hofmann, K.; Bungard, W.: Alle ziehen an einem Strang – neue Wege für Produktanläufe bei der Mercedes-Benz AG. In: Aufbruch zum fraktalen Unternehmen, Springer-Verlag, Berlin, 1995.

[HC86] Hayes, R.; Clark, K.: Why some factories are more productive than others. In: Harvard Business Review, Ausgabe 5, 64. Jg., September/ Oktober 1986.

[HC88] Hauser, J. R.; Clausing, D.: The House of Quality. In: Harvard Business Review, Ausgabe 3, 66. Jg., 1988.

[HF98] Heßen, H.-P.; Franke, H.: Simultaneous Engineering als Managementkonzept bei der Audi AG. In: Horváth, P.; Fleig, G. (Hrsg), Integrationsmanagement für neue Produkte, Schäffer-Poeschel-Verlag, Stuttgart, 1998.

[HM99] Huang, G.; Mak, K.: Current practices of engineering change management in UK manu- facturing industries. In: International Journal of Operations & Production Management, Ausgabe.1, 19. Jg., 1999.

[HW06] Hab, G.; Wagner, R.: Projektmanagement in der Automobilindustrie - Effizientes Management von Fahrzeugprojekten entlang der Wertschöpfungskette. 2. Auflage, Gabler-Verlag, Wiesbaden, 2006.

[HBH04] Harjes, M.; Bade, B.; Harzer, F.: Anlaufmanagement – Das Spannungsfeld im Produktentstehungsprozess. In: Industrie Management, Ausgabe 20, 2004.

[HLW02] Housein, G.; Lin, B.; Wiesinger, G.: Der Mitarbeiter im Fokus des Produktionsanlaufs - Management von Wissen, Qualifikation und Beziehungen als Garant für einen schnellen Produktionsanlauf. In: wt Werkstattstechnik online, Ausgabe 10, 92. Jg., 2002.

[HPT03] Haller, M.; Peikert, A.; Thoma, J.: Cycle time management during production ramp-up. In: Robotics and Computer-Integrated Manufacturing, Ausgabe 19, 2003.

[HRH04] Hinrichs, J.; Rittscher, J.; Hellingrath, B.: Kollaboratives Anlaufmanagement. In: Industrie Management, Ausgabe 20, 2004.

[HYM03] Huang, G.; Yee, W.; Mak, K.: Current practice of engineering change management in Hong Kong manufacturing industries. In: Journal of Materials Processing Technology, Nr.139, 2003.

I

J

[J04] Jania, T.: Komplexitätsmanagement und –bewertung. In: Industrie Management, Ausgabe 20, 2004.

[J04b] Jania, T.: Änderungsmanagement auf Basis eines integrierten Prozess- und Produktdatenmodells mit dem Ziel einer durchgängigen Komplexitätsbewertung. Dissertation, Universität Paderborn, 2004.

K

[K96] Koperski, D.: Anlaufmanagement, ZLU GmbH, Berlin, 1996.

[KR02] Klinker, R.; Risse, J.: Time-to-market- Management im Maschinenbau. In: Industrie Management, Ausgabe 5, 2002.

[KSZ05] Kersten, W.; Schröder, K.A.; Zink, T.: Wissensmanagement zur Optimierung von Produktionsanläufen. In: Wildemann, H. (Hrsg.): Synchronisation von Produktentwicklung und Produktionsprozess: Produktreife – Produktneuanläufe – Produktionsauslauf, TCW-Verlag, München, 2005.

[KWESW02] Kuhn (Hrsg.), A.; Wiendahl, H.-P.; Eversheim, W.; Schuh, G.; Winkler, H.; et al.: Schneller Produktionsanlauf von Serienprodukten - Ergebnisbericht der Untersuchung „fast ramp-up", Verlag Praxiswissen, Dortmund 2002.

L

[L03] Laick, T.: Hochlaufmanagement - Sicherer Produktionshochlauf durch zielorientierte Gestaltung und Lackierung des Produktionsprozesssystems. Dissertation 2003. In: Warnecke, G. (Hrsg.): FBK Produktionstechnische Berichte. Band 47, Lehrstuhl für Fertigungstechnik und Betriebsorganisation, Universität Kaiserslautern, 2003.

[Lü03] Lüdcke, R.: Effizienzverbesserung durch gezielte Führung in der Produktentwicklung: von der Beobachtung zum Reflexionskonzept. Dissertation, VDI-Verlag, Düsseldorf, Reihe 1; Nr. 367, 2003.

[LW02] Laick, T.; Warnecke, G.: Produktionshochlauf neuer Prozesse in der Produktion. In: Zeitschrift für Wirtschaftlichen Fabrikbetrieb, Ausgabe 1, 97. Jg., 2002.

[LWA03] Laick, T.; Warnecke, G.; Aurich, J.C.: Hochlaufmanagement – Sicherer Produktionshochlauf durch zielorientierte Gestaltung und Lenkung des Produktionsprozesssystems. In: PPS Management, Ausgabe 8, 2003.

M

[M02]. Mayer, H.O.: Interview und schriftliche Befragung: Entwicklung, Durchführung und Auswertung. Oldenbourg, Wissenschaftsverlag, München, 2002.

[M05] Möller, K.: Anlaufkosten in der Serienfertigung – Management und Controlling im Rahmen eines Lebenszykluskonzepts. In: Wildemann, H. (Hrsg.): Synchronisation von Produktentwicklung und Produktionsprozess: Produktreife – Produktionsanläufe – Produktionsauslauf, TCW-Verlag, München, 2005.

[M10] Mensson, J.: Prozessbeschreibung - Ressortübergreifende Qualitätslenkung im Kunde-Kunde-Prozess. Intranet Porsche, Stuttgart, 2010

[MV85] Miller, J.G.; Vollman, T.E.: The hidden factory. In: Harvard Business Review. September/ Oktober Ausgabe, 1985.

[MV98] Matthes, J.; Voggenreither, D.: Änderungsmanagement und Änderungscontrolling in den späten Phasen der Produktentstehung – ein Beispiel aus dem Anlagenbau. In: Horváth, P.; Fleig, G. (Hrsg.): Integrationsmanagement für neue Produkte, Schäffer-Poeschel-Verlag, Stuttgart, 1998.

[MHS04] Meier, H.; Hanenkamp, N.; Schramm, J.J.: Ganzheitliches Anlaufmanagement für KMU. In: Industrie Management, Ausgabe 20, 2004.

N

[NHW07] Nyhuis, P.; Heins, M.; Winkler, H.: A controlling system based on cause-effect relationships for the ramp-up of production systems. In: Production Engineering - Research and Development, Ausgabe 1, August 2007.

O

P

[PG00] Pfohl, H.-C.; Gareis, K.: Die Rolle der Logistik in der Anlaufphase. In: Zeitschrift für Betriebswirtschaft, Ausgabe 11, 70. Jg., Gabler-Verlag, Wiesbaden 2000.

[PAG10] interne Informationsquellen der Dr.-Ing. h.c. F.Porsche AG

Q

R

[R01] Repenning, N.: Understanding fire fighting in new Product development. In: Journal of Product Innovation Management, Ausgabe 18, 2001.

[R03] Risse, J.: Time-to-Market-Management in der Automobilindustrie – Ein Gestaltungsrahmen für ein logistikorientiertes Anlaufmanagement. Dissertation 2002. In: Schriftenreihe der Kühne-Stiftung, Haupt-Verlag, Bern 2003.

[RC94] Reichwald, R.; Conrat, J.-I.: Vermeidung von Änderungskosten durch Integrationsmaß- nahmen im Entwicklungsbereich: ein Ansatz mit hohen Rationalisierungseffekten auch im direkten Bereich. In: Zülch, Gert (Hrsg.): Vereinfachen und Verkleinern: Die neuen Strategien in der Produktion, Stuttgart 1994.

[RTL04] Reichwald, R.; Tasch, A.; Lieber, T.: Projektmanagement im Feldanlaufprozess. In: Industrie Management, 20. Jg., 2004.

[RWB04] Reinfelder, A.; Wuttke, C.C.; Blumenau, J.-C.: Planung anlaufrobuster Produktionssysteme. In: Industrie Management, 20. Jg., 2004.

S

[S57] Schieferer, G.: Die Vorplanung des Anlaufs einer Serienfertigung, Dissertation, Technische Hochschule Stuttgart, Stuttgart, 1957.

[S98] Scherer, P.: Gestaltung des Serienanlaufs bei zentraler Entwicklung und dezentraler Produktion bei der Adam Opel AG. In: Horváth, P.; Fleig, G. (Hrsg.): Integrationsmanagement für neue Produkte, Schäffer-Poeschel-Verlag, Stuttgart, 1998.

[S01] Schmahls, T.: Beitrag zur Effizienzsteigerung während Produktionsanläufen in der Automobilindustrie. Dissertation 2000. In: Enderlein, H.; Petermann, J.; Wirth, S. (Hrsg.): Wissenschaftliche Schriftenreihe des Instituts für Betriebswissenschaften und Fabriksysteme. Ausgabe 33, Technische Universität Chemnitz, 2001.

[S02] Scharer, M.: Quality Gates- Ansatz mit integriertem Risikomanagement – Methodik und Leitfaden zur zielorientierten Planung und Durchführung von Produktentstehungsprozessen, Dissertation, wbk Forschungsberichte aus dem Institut für Werkzeugmaschinen und Betriebstechnik der Universität Karlsruhe, Ausgabe 108, 2002.

[SF04] Straube, F.; Fitzek, D.: Logistikorientierung optimiert Serienanläufe. In: Hocke, W.; Klock, E. (Hrsg.): Jahrbuch Logistik 2004. Korschenbroich, 2004.

[SL02] Schneider, M.; Lücke, M.: Kooperations- und Referenzmodelle für den Anlauf - Schneller Produktionsanlauf von Serienprodukten. In: wt Werkstattstechnik online, Ausgabe 10, 92. Jg., 2002.

[SS06] Schwab, J.; Serwotka, H.: Schneller zum Produktionsanlauf - Die digitale Fabrik bereitet die reale Fertigung optimal vor. In: Intelligenter Produzieren, Ausgabe 3, 2006.

[SBA02] Specht, G.; Beckmann, Ch.; Amelingmeyer, J.: F&E-Management Kompetenz im Innovationsmanagement. 2. Auflage, Schäffer-Poeschel-Verlag, Stuttgart 2002.

[SFL03] Spath, D.; Fleischer, J.; Lanza, G.: Qualitätssimulation im Serienanlauf - Vorbestimmte Qualitätsfähigkeitskurven von Elementarprozessen. In: wt Werkstatttechnik online, Heft 1/2, 93. Jg., 2003

[SNF05] Specht, D.; Nagel, J.; Frischke, S.: Integrationsmodell für Anlaufprozesse. In: Wildemann, H. (Hrsg.): Synchronisation von Produktentwicklung und Produktionsprozess: Produktreife – Produktneuanläufe – Produktionsauslauf, TCW-Verlag, München, 2005.

[SLFS01] Spath, D.; Landwehr, R.; Förster, H.; Schneider, W.: Tore öffnen – Quality Gate- Konzept für den Produktentstehungsprozess. In: Qualität und Zuverlässigkeit, Ausgabe 12, 46. Jg., 2001.

[SRAD02] Schuh, G.; Riedel, H.; Abels, J.; Desoi, J.: Serienanlauf in branchenübergreifenden Netzwerken – Eine komplexe Planungs- und Kontrollaufgabe. In: wt Werkstattstechnik online, Ausgabe 11/12, 92. Jg., 2002.

[S-RHK05] Scholz-Reiter, B.; Höhns, H.; König, F.: Intelligentes Änderungsmanagement für die Produktanlaufphase in Produktionsnetzwerken. In: Wildemann, H. (Hrsg.): Synchronisation von Produktentwicklung und Produktionsprozess: Produktreife – Produktneuanläufe – Produktionsauslauf, TCW-Verlag, München, 2005.

[S-RHKK04] Scholz-Reiter, B.; Höhns, H.; Kruse, A.; König, F.: Hybrides Änderungsmanagement im Serienanlauf. In: Industrie Management, 20. Jg., 2004.

T

[TB00] Terwiesch, C.; Bohn, R.E.: Learning and process improvement during ramp-up. In: International Journal of Production Economics, Ausgabe 1, 70. Jg., 2000.

[TL99] Terwiesch, C.; Loch, C.: Managing the process of engineering change orders: The case of the climate control system in Automobile Development. In: Journal of Product Innovation Management, Ausgabe 16, 1999.

[TBC01] Terwiesch, C.; Bohn, R.E.; Chea, K.S.: International product transfer and production ramp-up: a case study from the data storage industry. In: R&D Management, Ausgabe 4, 31. Jg., 2001.

U

[US05] Urban, G.; Stirzel, M.: Produktionsanläufe sicher im Griff. In: PPS Management, Ausgabe 2, Jahrgang 10, 2005.

V

[VB99] Vahs, D.; Burmeister, R.: Innovationsmanagement. Von der Produktidee zur erfolgreichen Vermarktung. Schäffer-Poeschel-Verlag, Stuttgart, 1999.

[VC98] Voigt, P.; Conrat, J.-I.: Aktionsfelder des integrierten Änderungsmanagements/ Defizite im heutigen Änderungsmanagement. In: Lindemann, U.; Reichwald, R. (Hrsg.): Integriertes Änderungsmanagement, Berlin, 1998.

[VT05] Voigt, K.; Thiell, M.: Fast Ramp-up – Handlungs- und Forschungsfeld für Innovations- und Produktionsmanagement. In: Wildemann, H. (Hrsg.): Synchronisation von Produktentwicklung und Produktionsprozess: Produktreife – Produktneuanläufe – Produktionsauslauf. TCW-Verlag, München, 2005.

[VDA98] Verband der Automobilindustrie e.V.: Band 4 Qualitätsmanagement in der Automobilindustrie - Teil 3 Sicherung der Qualität vor Serieneinsatz: Projektplanung, Frankfurt, 1998.

[VDA10] Verband der Automobilindustrie e.V.: Qualitätsmanagement. Online: http://www.vda-qmc.de abgerufen am 24. Juni 2010

W

[W03] Weber, J.: Kennzahlenbasiertes Monitoring der Produkt- und Prozessreife zur Sicherung des Serienanlaufs – Konzeption, Einführung und Anwendung einer praxisgerechten Methodik, nicht veröffentlichter Vortrag, München, 18.02.2003,.

[W07] Winkler, H.: Modellierung vernetzter Wirkprinzipien im Produktionsanlauf. In: Nyhuis, P. (Hrsg.): Berichte aus dem IFA, Band 3. Leibniz Universität Hannover, Institut für Fabrikanlagen und Logistik, 2007.

[vW98a] von Wangenheim, S.: Planung und Steuerung des Serienanlaufs komplexer Produkte: Dargestellt am Beispiel der Automobilindustrie. Dissertation. In: Europäische Hochschulschriften: Reihe 5, Volks- und Betriebswirtschaft. Band 2385, Europäischer Verlag der Wissenschaften, Frankfurt am Main, 1998.

[vW98b] von Wangenheim, S.: Integrationsbedarf in Serienanlauf komplexer Produkte – Dargestellt am Beispiel der Automobilindustrie. In: Horváth, P.; Fleig, G. (Hrsg): Integrationsmanagement für neue Produkte, Schäffer-Poeschel-Verlag, Stuttgart, 1998.

[WH02] Wiesinger, G.; Housein, G.: Schneller Produktionsanlauf von Serienprodukten – Wettbewerbsvorteile durch ein anforderungsgerechtes Anlaufmanagement. In: wt Werkstattstechnik online, Ausgabe 10, 92. Jg., 2002.

[Wi04] Wildemann, H.: Präventive Handlungsstrategien für den Produktionsanlauf. In: Industrie Management, Ausgabe 4, 20. Jg. 2004.

[Wi05] Wildemann, H.: Logistische Instrumente zur Anlaufoptimierung in komplexen Wertschöpfungsketten. In: Wildemann, H. (Hrsg.): Synchronisation von Produktentwicklung und Produktionsprozess: Produktreife – Produktneuanläufe – Produktionsauslauf, TCW-Verlag, München, 2005.

[Wi10] Wildemann, H.: Änderungsmanagement: Leitfaden zur Einführung eines effizienten Managements technischer Änderungen, 18. Auflage, TCW-Verlag, München 2010.

[WHW02] Wiendahl, H.-P.; Helgenscheidt, M.; Winkler, H.: Anlaufrobuste Produktionssysteme. In: wt Werkstattstechnik online, Ausgabe 11/12, 92. Jg., 2002.

X

Y

Z